공저 최재용 김보성 김은희 변은주 유인숙
유채린 유형재 이동현 하예랑

감수 김진선

미디어북

이것이 AI마케팅이다

초판인쇄 2024년 5월 01일
초판발행 2024년 5월 09일

공 저 자 최재용 김보성 김은희 변은주 유인숙
유채린 유형재 이동현 하예랑
감 수 김진선

발 행 인 정상훈
디 자 인 신아름
펴 낸 곳 미디어북
서울특별시 관악구 봉천로 472
코업레지던스 B1층 102호 고시계사

대 표 02-817-2400 팩 스 02-817-8998
考試界·고시계사·미디어북 02-817-0419
www.gosi-law.com
E-mail : goshigye@chollian.net

판 매 처 미디어북·고시계사
주문전화 817-2400
주문팩스 817-8998

정가 17,000원 ISBN 979-11-89888-84-8 13560

미디어북은 고시계사 자매회사입니다

이것이
AI마케팅이다

Preface

디지털 시대가 도래하면서 우리는 정보의 바다에서 살아가고 있다. 이 바다는 넓고 깊어서 그 속에서 길을 찾고, 의미 있는 내용을 채취하는 일은 점점 더 어려워지고 있다. 그러나 인공지능 기술의 발전은 이러한 문제를 해결할 열쇠를 제공한다. 특히 마케팅 분야에서는 생성형 AI가 중요한 전환점을 맞이하며 새로운 기회와 도전을 제시하고 있다.

이 책은 생성형 AI가 마케팅을 어떻게 혁신하고 있는지를 다각도에서 조망한다. 최재용은 세계적인 추세로서 생성형 AI 활용을 강조한다. 김보성은 브랜딩과 마케팅에서의 게임체인저로서 AI의 역할을 풀어낸다. 김은희는 마케팅의 새로운 혁명을 이끄는 AI의 무한한 가능성을 설명한다. 변은주는 Microsoft Copilot과 같은 도구를 활용해 업무 효율성을 극대화하는 방법을 제시하며, 유인숙은 챗GPT를 이용한 칼럼 작성 기법을 공유한다. 또한 유채린은 AI가 어떻게 블로그 콘텐츠의 창조와 최적화를 가능하게 하는지 탐구한다.

AI 기술이 제공하는 새로운 도구들은 우리의 손에 막강한 능력을 부여하며, 유형재는 이러한 개인화된 AI 비서의 실제 활용 사례를 들려준다. 이동현은 AI가 생성한 콘텐츠가 어떻게 소통을 강화하고 수익 창출에 기여하는지를 설명하며, 마지막으로 하예랑은 디지털 마케팅을 위한 AI 콘텐츠 창작 도구의 중요성을 강조한다.

이 책은 AI 마케팅의 현재와 미래를 조명하며, 독자 여러분이 이 혁명적 변화의 중심에서 자신만의 위치를 찾을 수 있도록 돕고자 한다. AI 마케팅의 세계로 여러분을 초대한다. 여기서 시작된 여정이 여러분의 비즈니스와 인생에 새로운 전망을 열어줄 것이다.

끝으로 이 책의 감수를 맡아 수고하신 파이낸스투데이 전문위원, 이사이며 한국AINFT협회 이사장인 김진선 교수님께 감사를 드리며 미디어북 임직원 여러분께도 감사의 말씀을 전한다.

2024년 5월

디지털융합교육원 **최 재 용** 원장

공저자 소개

최 재 용

과학기술정보통신부 인가 사단법인 4차산업혁명연구원 이사장과 디지털융합교육원 원장으로 전국을 누비며 생성형 AI 활용 업무효율화와 마케팅 강의를 하고 있다. 또한 한성대학교 지식서비스&컨설팅대학원 스마트융합컨설팅학과 겸임교수로 근무하고 있다. (mdkorea@naver.com)

큐레이션 웨이브 대표, 디지털융합교육원 지도교수 및 AI 칼럼니스트, AI 큐레이터로 활동 중이다. SK스토아, CJ ENM, GS리테일 등 20여 년간 미디어·커머스 기업에서 상품기획과 신사업 전략 실무 경험을 바탕으로 기업에서의 생성형 AI 활용을 연구하고 컨설팅하고 있다. (hiaipost@naver.com)

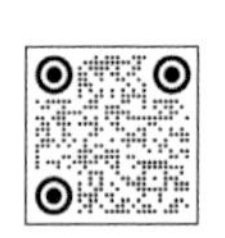

김 은 희

에스지크리에이트 광고·홍보 대표이사이며 파이낸스투데이 칼럼니스트와 챗GPT 생성형 AI 활용 전문가로, 콘텐츠 큐레이터로 활동 중이다. 디지털융합교육원 선임연구원, 지도교수로 기업, 소상공인, SNS 대상으로 홍보마케팅, 브랜딩 컨설턴트, AI 아티스트 등의 강의를 진행하고 있다.

(eureka816@naver.com)

변 은 주

디지털융합교육원 선임연구원이며, 인공지능 콘텐츠 강사로 활동하고 있다. 사회복지사 1급으로 현재 평생교육상담학과 재학 중이다. 저서로는 전자책 '5060을 위한 AI인공지능 가이드북'이 있다.

(eunju4340@gmail.com)

유 인 숙

디지털융합교육원 선임연구원, 캔바 디지털 콘텐츠 1급 강사이자 디지털튜터로 주민센터, 복지관, 군청 등에서 스마트폰, 컴퓨터, 생활 속 인공지능 활용 등의 수업을 진행했다. 저서로는 'MBTI 활용법'과 '마일로의 달빛 모험'이 있다. (like_artist@naver.com)

유 채 린

알알이에듀의 대표로 AI 융합 교육에 앞장서고 있으며, 기획재정부에서 지정한 경제교육 강사이다. 한국AI예술협회 부회장을 맡고 있으며 국제AI협회 소속으로 생성형 AI 활용 교육과 전자책 강의를 하고 있다. 디지털융합교육원에서 지도교수 및 선임연구원으로 활동하며 전문성을 더하고 있다.

(lovelyjo85@naver.com)

공저자 소개

유 형 재

AI 융합 교육의 선구자로서 디지털마케팅 회사를 이끌면서, 교육원에서 선임연구원과 지도 교수, 그리고 기자로도 활동 중이다. 온라인 교육 플랫폼과 전자책을 통해 AI 기술을 적극 활용해 혁신적인 학습 기회를 제공하고, 이를 통해 미래 교육의 잠재력을 탐구하며, 독자들에게 AI 지식을 전달하고자 한다.

(hjyouh@naver.com)

이 동 현

위앤월드커뮤니케이션 대표, 광고 콘텐츠 기획제작자 그리고 디지털융합교육원 지도교수 및 선임연구원이며 AI인공지능콘텐츠 및 SNS콘텐츠 마케팅 강사로서 다양한 기관과 채널에서 온·오프라인 강의를 하고 있다. (weworld21@gmail.com)

S커빌(SNS & 커뮤니티 빌리지, 회원 만 명 이상) 네이버 카페 운영자이며 디엔젤 출판사 대표, (사)중소상공인SNS마케팅지원협회 부회장을 역임하고 있다. 디지털융합교육원에서 선임연구원이자 AI 교수로 활동하고 있다. AI를 활용해 다양한 커뮤니티를 운영 중이며 AI 활용에 대해 강의와 컨설팅을 진행하고 있다. (hayelang1@gmail.com)

하 예 랑

감수자

김 진 선

'i-MBC 하나더 TV 매거진' 발행인, 세종 대학교 세종 CEO 문학포럼 지도교수를 거쳐 현재 한국AINFT협회 이사장, 파이낸스투데이 전문위원/이사, SNS스토리저널 대표로서 활동 중이다. 30여 년간 기자로서의 활동을 바탕으로 출판 및 뉴스크리에이터 과정을 진행하고 있다.

(hisns1004@naver.com)

Contents

세계적인 추세 AI 마케팅

브랜딩과 마케팅의 게임체인저, 생성형AI

마케팅의 새로운 혁명, 생성형 AI가 여는 무한한 가능성

Contents

CHAPTER 4

MS 코파일럿의 다양한 활용 방법

Contents

CHAPTER 6

AI 마케팅의 미래, '블로그' 콘텐츠 창조와 최적화

Contents

내 손안의 AI 비서, Lilys AI와 AskUp

소통하고 돈버는 AI 컨텐츠

Contents

마케팅을 위한 콘텐츠 창작 AI 도구

세계적인 추세 AI 마케팅

최 재 용

제1장
세계적인 추세 AI 마케팅

Prologue

AI 마케팅은 인공 지능 기술의 발전과 함께 급속도로 성장한 분야로, 현대 마케팅 전략에서 중추적인 역할을 수행하고 있다. 이 기술은 데이터 분석, 고객 행동 예측 및 개인화된 콘텐츠 제작을 통해 마케팅 효율성을 극대화하며 기업들이 소비자와의 상호작용을 극적으로 개선할 수 있도록 돕는다.

AI 마케팅은 머신러닝, 자연어 처리, 패턴 인식과 같은 인공 지능 기술을 활용해 대량의 데이터를 분석하고, 이를 바탕으로 고객의 선호와 행동을 예측해 맞춤형 마케팅 메시지를 자동으로 생성하고 최적화하는 과정이다.

AI 마케팅은 단순히 데이터를 처리하는 것을 넘어 고객에 대한 심층적인 통찰을 제공하고 이를 기반으로 개인별 맞춤 마케팅 전략을 구현하는데 중점을 둔다.

1. AI 마케팅의 주요 기능과 사례

1) 고객 데이터 분석

AI는 사회적 미디어, 웹사이트 방문 기록, 구매 이력 등 다양한 출처에서 수집된 데이터를 분석한다. 이 과정에서 AI는 데이터에서 유의미한 패턴과 트렌드를 식별하며 이는 고객의 미래 행동을 예측하는 데 사용된다.

2) 행동 예측 모델링

AI는 과거와 현재의 데이터를 기반으로 고객의 미래 행동을 예측한다. 예를 들어, 고객이 특정 제품을 구매할 가능성, 이메일 마케팅에 어떻게 반응할지 등을 예측할 수 있다. 이 정보는 마케팅 전략을 보다 정밀하게 조정하는 데 활용된다.

3) 개인화된 콘텐츠 제작

AI는 분석과 예측을 통해 얻은 정보를 바탕으로 개인화된 마케팅 메시지를 생성한다. 이는 사용자의 특정 필요와 관심사에 맞춰 조정되며 광고, 이메일 캠페인, 소셜 미디어 게시물 등 다양한 채널을 통해 전달된다.

실제로 많은 선도 기업이 AI 마케팅을 채택해 그 효과를 달성하고 있다. 예를 들어, 대형 소매업체들은 AI를 사용해 고객의 구매 패턴을 분석하고 이를 기반으로 개인화된 상품 추천을 제공한다. 이러한 맞춤형 추천은 고객 만족도를 높이고 결국 더 높은 판매액으로 이어진다.

AI 마케팅이 기업들에 미치는 긍정적인 효과에 대한 사례로 아마존의 개인화된 제품 추천 시스템이 대표적이다. 아마존은 '아이템 대 아이템 협업 필터링(item-to-item collaborative filtering)' 방식을 활용해 고객의 이전 구매와 유사한 제품을 매칭하고 이를 통해 개인화된 제품 추천 목록을 제공한다. 이 방법은 고객의 구매 확률이 높은 제품을 예측하고 그 결과로 고객 만족도와 시장 점유율을 높이는 데 기여했다.

AI 기반의 제품 추천이 고객의 구매 결정에 중요한 역할을 한다. 아마존의 경우 AI 추천 시스템을 통해 제공되는 제품이 전체 판매의 상당 부분을 차지하며 이는 고객 경험을 향상시키고 구매 전환율을 증가시키는 효과를 가져왔다.

이러한 AI 마케팅 전략은 단순히 판매를 늘리는 것을 넘어 고객 충성도를 구축하고 장기적인 브랜드 가치를 높이는 데 중요한 역할을 한다. AI 기술을 활용해 고객 개개인의 취향과 행동을 분석함으로써 기업들은 보다 맞춤화된 쇼핑 경험을 제공할 수 있으며 이는 최종적으로 더 높은 고객 만족과 재구매로 이어질 수 있다.

또한 AI 기반 도구를 활용하는 마케팅 팀은 시장 동향을 신속하게 파악하고 실시간으로 캠페인을 최적화할 수 있다. 예를 들어, AI는 실시간 데이터 분석을 통해 어느 광고가 높은 성과를 내고 있는지, 어떤 고객 세그먼트가 반응이 좋은지를 파악하고 이를 기반으로 광고 비용을 조정하거나 콘텐츠를 개선한다. 이런 방식으로 마케팅 자원을 보다 효과적으로 배분해 ROI를 최대화할 수 있다.

AI 마케팅의 효과에도 불구하고 이 기술을 채택하고 실행하는 과정에서는 여러 도전 과제가 있다. 데이터의 질과 양, 알고리즘의 정확성, 시스템의 투명성과 같은 기술적 요소가 성공적인 AI 마케팅 전략의 핵심 요소이다. 또한 데이터 보안과 개인정보 보호는 큰 우려 사항으로 기업들은 고객의 데이터를 안전하게 관리하고 이용하는 것이 중요하다.

AI 마케팅과 관련된 윤리적 고려 사항도 또한 중요하다. 예를 들어, 개인화된 마케팅이 너무 침입적이 되지 않도록 주의해야 하며, 고객의 프라이버시를 존중하는 범위 내에서 데이터를 활용해야 한다. 또한 AI 결정 과정의 투명성을 확보하고 잘못된 데이터로 인한 편향도 방지해야 한다.

2. AI 마케팅 전략의 구현

AI 마케팅 전략에서 데이터 분석은 매우 중요한 부분으로 다양한 소스에서 수집된 고객 데이터(온라인 행동, 구매 이력, 고객 서비스 상호작용) 등을 머신러닝과 데이터 마이닝 기술을 활용해 분석된다.

이 과정에서 클러스터링, 예측 모델링 등의 고급 분석 기법이 사용돼 고객의 선호도와 행동 패턴을 예측한다. 이러한 심층 분석은 마케팅 캠페인의 효과를 극대화하기 위해 매우 중요하며 기업들이 더 정밀하고 개인화된 고객 경험을 설계할 수 있도록 돕는다.

AI는 분석된 데이터를 바탕으로 고객 개별의 선호와 행동을 이해하고 이에 맞춘 맞춤형 마케팅 메시지를 자동으로 생성한다. 예를 들어, 스타벅스는 AI를 활용해 고객의 구매 패턴을 분석하고 이를 통해 개인화된 제품 추천 및 프로모션을 제공해 고객 로열티를 증가시켰다.

또한 AI는 마케팅 캠페인을 실시간으로 분석하고 최적화할 수 있는 능력을 갖추고 있다. AI는 소셜 미디어 광고에서 고객의 반응을 분석해 즉각적으로 캠페인을 조정하고 클릭률을 극대화하기 위한 타겟팅을 개선한다. 예를 들어, 실시간 데이터 분석을 통해 어떤 광고가 좋은 성과를 내고 있는지를 파악하고 그에 따라 광고 전략을 수정할 수 있다.

이러한 AI 마케팅 전략의 구현은 기업들이 시장에서 경쟁 우위를 점하고 고객 경험을 혁신적으로 개선할 수 있는 기회를 제공한다. AI 기술의 발전으로 마케팅 분야에서도 더욱 정밀하고 효과적인 전략이 가능해지고 있다.

3. 미래 전망, AI 마케팅의 진화

AI 기술은 마케팅 분야에서 특히 빠르게 발전하고 있으며 이러한 추세는 향후에도 계속될 것이다. 생성형 AI 기술의 발전은 마케팅 전략을 더욱 정교하고 효과적으로 만들어 기업들이 시장에서의 경쟁력을 강화할 수 있는 새로운 기회를 제공하고 있다.

생성형 AI 기술은 데이터에서 보다 깊은 인사이트와 패턴을 추출할 수 있게 함으로써 고객의 행동과 선호를 보다 정확히 예측할 수 있다. 예를 들어, 소비자 데이터를 분석해 개인화된 광고 메시지를 생성하고 고객의 구매 가능성이 높은 시점을 정밀하게 파악할 수 있다.

자연어 처리를 통해 소비자들의 소셜 미디어 포스트나 인터넷쇼핑몰 리뷰에서 세밀한 감정과 의견을 분석할 수 있다. 이 정보는 제품 개발 및 마케팅 전략에 중요한 피드백을 제공하며 브랜드와 소비자 간의 커뮤니케이션을 개선하는 데 활용될 수 있다.

가상 현실(VR)과 증강 현실(AR) 기술들은 특히 소매업에서 혁신적인 변화를 가져오고 있다. 예를 들어, AR을 활용한 온라인 쇼핑 경험을 통해 소비자는 자신의 가상 아바타를 사용해 옷을 입어보고 가상의 가구를 자신의 집에 배치해 볼 수 있다.

인터넷 오브 씽스 IoT 기기들은 소비자의 일상에 밀접하게 통합돼 다양한 행동 데이터를 수집한다. 이 데이터는 마케팅 전략을 실시간으로 조정하고 소비자에게 맞춤형 서비스와 제품을 제공하는 데 사용될 수 있다.

생성형 AI 기술을 활용한 데이터 분석은 마케팅 결정 과정에서 중요한 역할을 하고 있다. 특히 챗GPT 데이터분석을 사용해 고객 세분화와 타겟 마케팅 전략을 최적화할 수 있다. AI는 고객 경험을 개인화하는 데 핵심적인 도구다. 고객의 이전 행동과 선호도를 분석해 가장 적합한 제품이나 서비스를 추천하고, 이를 통해 고객 만족도를 높이고, 재구매율을 증가시킬 수 있다.

예를 들어, 온라인 쇼핑 플랫폼은 고객의 이전 구매 이력과 검색 행동을 분석해 맞춤형 상품을 제안함으로써 더욱 효과적인 쇼핑 경험을 제공할 수 있다.

AI 기술은 마케팅캠페인의 성능을 실시간으로 추적하고 분석할 수 있게 해준다. 이를 통해 기업은 마케팅캠페인을 실행하는 동안 필요에 따라 즉시 조정을 해 최적의 결과를 도출할 수 있다. 예를 들어, 소셜 미디어 광고의 반응을 분석해 반응이 좋지 않은 광고는 즉시 수정하거나 다른 전략으로 전환할 수 있다.

AI 마케팅의 미래는 기술적 진보뿐만 아니라 전략적 혁신에서도 찾아볼 수 있다. 브랜드와 마케팅 전문가들은 AI 기술을 활용해 더 넓은 시장을 타겟팅하고 브랜드 충성도를 높이며 고객과의 장기적인 관계를 구축하는 데 중점을 둘 것이다. 또한 지속 가능하고 윤리적인 방식으로 AI를 통합함으로써 브랜드의 신뢰성을 강화할 수 있다.

이처럼 AI 기술은 마케팅의 모든 측면을 혁신하고 있으며 앞으로도 계속해서 중요한 역할을 할 것이다. 기업들은 AI의 발전을 적극적으로 활용해 시장에서의 경쟁력을 강화하고 고객에게 더 나은 가치를 제공하기 위해 끊임없이 노력해야 할 것이다.

[그림1] AI를 활용하며 마케팅을 하는 직장의 모습

Epilogue

우리는 지금 AI 마케팅이라는 거대한 기술 변화의 파도를 타고 있다. AI는 데이터를 심오하게 분석하고 개인화된 경험을 제공하며 실시간으로 마케팅 전략을 최적화해 기업들이 전례 없는 방식으로 고객과 소통할 수 있게 해준다.

AI 기술의 발달로 데이터 분석의 깊이는 계속해서 깊어질 것이며 개인화는 더욱 정교해질 것이다. 실시간 캠페인 최적화는 마케팅의 효율성을 지금보다 훨씬 더 높은 수준으로 끌어올릴 것이다. 이 모든 것이 가능해진다면 마케팅은 단순히 메시지를 전달하는 수단을 넘어 고객과의 지속적인 대화와 관계 구축의 플랫폼으로 발전할 것이다.

하지만, 기술의 진보는 또한 책임을 요구한다. 데이터 보호, 개인 프라이버시 존중은 AI 마케팅 전략의 핵심 요소가 돼야 한다. 우리가 이 새로운 도구를 어떻게 사용하는지에 따라 그 결과는 크게 달라질 것이다.

세계는 변화하고 있고 우리도 그 변화의 일부이다. AI 마케팅이라는 이 흥미로운 여정에 모두가 함께할 수 있기를 바란다.

[참고문헌]

Wilson, Rob, & Tyson, Josh. (2024). 초자동화 시대가 온다. 서울: 제이펍.
https://emerj.com/ai-sector-overviews/artificial-intelligence-at-amazon/
https://www.adroll.com/blog/why-ai-driven-product-recommendations-are-key-to-conversions-and-loyalty
https://influencermarketinghub.com/ai-personalization-ecommerce/

브랜딩과 마케팅의 게임체인저, 생성형AI

김 보 성

제2장
브랜딩과 마케팅의 게임체인저, 생성형AI

Prologue

지난해 GS25는 상품 기획 전 과정에서 AI 기반 챗봇 서비스(AskUp)를 활용한 '아숙업 레몬 스파클 하이볼'이라는 제품을 출시하며 신선한 소비자 반응을 끌어냈다. 이 제품은 생성형 AI와 다양한 질문과 답변을 주고받는 과정을 통해 탄생했으며, '세계 최초의 AI 기획 하이볼'이라는 명성을 얻었다. AI는 맛의 조합, 디자인, 가격 책정 등 상품 기획의 거의 모든 단계에서 중요한 역할을 했다. 이를 통해 AI가 단순한 도구가 아닌 창의적인 파트너로서의 가능성이 있다는 것을 증명하며 세상 사람들을 놀라게 했다.

불과 1년 사이 여러 기업은 상품 기획과 마케팅에 AI 기술을 적극적으로 도입하고 그 활용도 매우 정교해졌다. SPC 배스킨라빈스는 AI 기술 기반 상품 기획으로 '오렌지 얼그레이'라는 독특한 맛의 아이스크림을 선보였다. 이 제품은 AI를 활용해 고객의 선호와 시장의 트렌드를 분석하고, 그 결과를 바탕으로 새로운 맛을 창조했다. AI는 1,500가지가 넘는 플레이버 데이터와 고객 구매 데이터를 분석해 상큼한 오렌지와 향긋한 얼그레이의 조합을 제안했다. 이는 단순한 맛의 조합이 아니라 고객이 기대하는 새로운 맛의 창조 수준으로 고도화된 것이다.

기존에는 하나의 상품을 기획하고 시장에 출시할 때까지 '상품 기획 → 디자인 → 설계 → 시제품 제작 → 생산 → 판매'등 복잡한 과정과 상당한 시간이 요구됐다. 필자도 지난 20여 년간 미디어 커머스 회사에 재직하며 수백 가지 상품을 기획했는데, 여간 힘든 작업이 아니었다. 특히 그 기획의 결과가 좋지 않았을 때 그 고통은 설명하기 어려울 정도로 괴로운 일이다.

하지만 디지털 기술의 급속한 발전은 우리의 일상과 업무 처리 방식, 나아가 소비자와 브랜드가 상호 작용하는 방식을 근본적으로 변화시키고 있다. 기존의 상품 기획이 과정과 시간을 대폭 단축해 주는 것을 넘어 기획 결과의 성공률을 높이는데 이바지한다. 인공지능(AI)은 이러한 변화를 주도하는 핵심 기술로 자리 잡으며 마케팅과 상품 개발의 전통적인 경계를 허물고 있다.

이처럼 AI는 단순히 업무 자동화를 수행하는 도구를 넘어 창의적인 아이디어를 제안하고 새로운 소비자 경험을 창출하는 파트너로 성장했다. AI의 능력을 활용한 상품 기획과 마케팅 전략은 기업들에 전례 없는 기회를 제공할 것이라 기대된다. 고객의 니즈를 파악하고, 그에 맞춰 맞춤형 제품을 신속하게 출시할 수 있게 해주는 데에도 많은 도움이 될 것이다. AI의 도움으로 기업들은 더욱 빠르고 정확하게 시장의 변화에 대응하고 다양한 고객의 요구에 맞는 새로운 상품을 창조할 수 있다.

본문에서는 AI 기술이 브랜드와 소비자 사이의 관계를 어떻게 변화시키고 있는지, 그리고 이 변화가 앞으로 어떤 새로운 기회를 가져올지를 실제로 생성형 AI 도구들을 활용해 브랜드를 기획하는 과정을 함께 진행하며 이야기해 보고자 한다.

AI 기술과의 협력은 이제 시작에 불과하다. AI를 활용해 상품 기획과 마케팅 아이디어를 얻고 브랜드와 소비자 간의 새로운 관계를 형성하는데 이책이 도움이 되기를 기대한다.

1. AI 시대의 상품 기획과 브랜딩

1) AI 기술의 발전과 상품 기획 활용 전략

인공지능(AI) 기술이 급속도로 발전함에 따라 상품 기획과 브랜딩 전략에 혁신적인 변화가 일어나고 있다. AI는 특히 데이터 분석, 시장 트렌드 예측, 소비자 행동 이해와 같은 분야에서 뛰어난 능력을 발휘한다. 이 기술은 대량의 데이터를 신속하게 처리하고, 패턴을 인식해 상품 기획자와 마케터가 보다 정보에 기반한 결정을 내릴 수 있도록 돕는다. AI 기술의 발전은 브랜드가 신제품을 개발하고 시장에 출시하는 방식을 근본적으로 변화시키고 있다.

상품 기획에서 AI 활용의 첫 단계는 시장과 소비자 데이터의 수집과 분석이다. AI는 소셜 미디어, 온라인 쇼핑 행동, 고객 리뷰 등에서 유용한 정보를 추출해 현재 소비자가 가장 관심을 갖는 제품 특성이 무엇인지 파악한다. 예를 들어, AI는 패션 산업에서 소비자들이 선호하는 디자인 요소, 색상, 소재 등을 분석해 이를 바탕으로 새로운 의류 라인을 제안할 수 있다. 이 과정에서 AI는 예측 분석과 머신러닝 알고리즘을 사용해 미래의 트렌드를 예측하고, 이에 기반해 혁신적인 제품 개발을 지원한다.

2) 상품 기획 프로세스에서 AI 활용 방안

상품 기획 프로세스에서 AI 기술을 활용하면 보다 효율적이고 혁신적인 상품 개발이 가능하다. 먼저 AI 기반 데이터 분석을 통해 방대한 양의 시장 데이터와 소비자 데이터를 신속하고 정확하게 분석할 수 있다. 이를 통해 잠재 고객의 니즈와 선호도, 경쟁 제품 동향 등을 파악할 수 있다. 또한 AI 알고리즘을 활용해 고객을 세분화하고 개인화된 상품 추천 및 마케팅 전략을 수립할 수 있다.

아이디어 발굴 및 평가 단계에서도 AI 기술을 활용할 수 있다. 챗봇이나 생성형 AI를 통해 새로운 아이디어를 빠르게 도출할 수 있으며, AI 알고리즘을 통해 아이디어의 시장성, 기술적 실현 가능성, 수익성 등을 신속하게 평가할 수 있다.

상품 설계 및 개발 과정에서도 AI 기술을 활용할 수 있다. AI 기술을 통해 제품의 외관, 기능, 사용성 등을 최적화할 수 있으며, 생산 공정을 분석하고 최적화함으로써 제품 품질 향상, 생산성 제고, 비용 절감 등의 효과를 거둘 수 있다.

마지막으로 브랜딩 및 마케팅 단계에서도 AI 기술을 활용할 수 있다. AI를 활용해 브랜드 네이밍, 로고 디자인, 브랜드 스토리 등을 자동으로 생성할 수 있으며 고객 세분화, 개인화된 마케팅 콘텐츠 제작, 최적의 마케팅 채널 선택 등 마케팅 전략을 수립할 수 있다.

이처럼 상품 기획 프로세스 전반에 걸쳐 AI 기술을 활용하면 보다 효율적이고 혁신적인 상품 개발이 가능하다. 특히 데이터 분석, 아이디어 생성, 제품 설계, 브랜딩 및 마케팅 등 다양한 영역에서 AI 기술의 활용이 기대된다.

3) AI를 활용한 소비자 트렌드 분석 및 예측

AI는 빅 데이터 분석을 통해 소비자 트렌드를 식별하고 예측하는 데 중요한 도구가 된다. 소비자 데이터 분석을 통해 AI는 인기 있는 제품 특성, 소비자 선호의 변화, 시장에서의 신제품 반응 등을 파악한다. 이 정보는 상품 기획자가 시장 요구를 만족하는 제품을 개발하고, 타깃 시장에 맞는 마케팅 전략을 수립하는 데 필수적이다. AI는 이러한 데이터를 기반으로 상세한 소비자 행동 모델을 생성하고 이 모델을 사용해 특정 캠페인이나 제품이 특정 소비자 그룹에 어떤 반응을 일으킬지 예측한다.

이 모든 과정을 통해 AI는 상품 기획과 브랜딩을 한 차원 높은 수준으로 끌어올린다. AI 기술의 활용은 단순히 효율성과 속도를 증가시키는 것을 넘어서, 더욱 정교하고 혁신적인 방법으로 시장의 요구에 대응하고 소비자와의 관계를 강화하며 지속 가능한 경쟁력을 구축하는 데 이바지한다.

2. 생성형 AI 활용한 브랜드 기획 실습

LLM(Large Language Model, 대규모 언어모델)을 기반으로 하는 생성형 AI 중 브랜드 기획 실습은 Google의 언어모델인 'Gemini'를 활용해서 알아보고자 한다. 이번 장에서는 다루지 않지만 Open AI의 'ChatGPT', 마이크로소프트의 'Copilot' 등 다양한 AI 모델에 동일 프롬프트(컴퓨터 시스템에서 사용자가 명령어나 입력을 제공하는 인터페이스)를 입력해 그 결괏값을 비교하는 것을 추천한다. 모델마다 결괏값이 차이가 나므로 본인과 제일 잘 맞는 모델을 찾아 아이디어를 확장하거나, 질문마다 최고의 아이디어를 조합해 브랜드 기획을 완성할 수도 있다.

먼저 'Gemini' 웹페이지(https://gemini.google.com)에 접속한다.

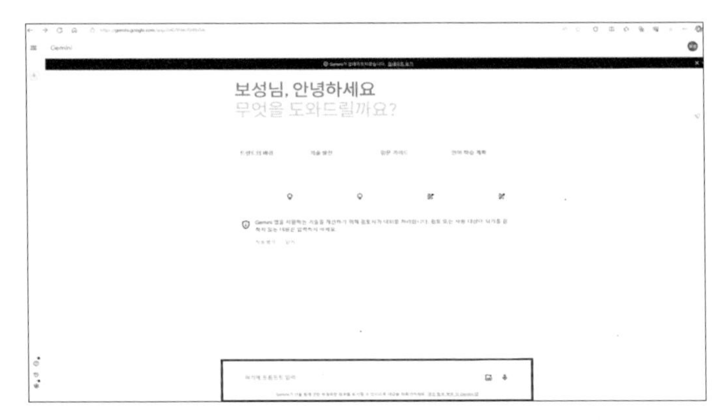

[그림1] Google의 언어모델인 'Gemini' 화면, 프롬프트 입력창 확인

본격적인 질문을 하기에 앞서 'Gemini'에 'OO 상품 기획 전문가'의 역할 부여를 한다.

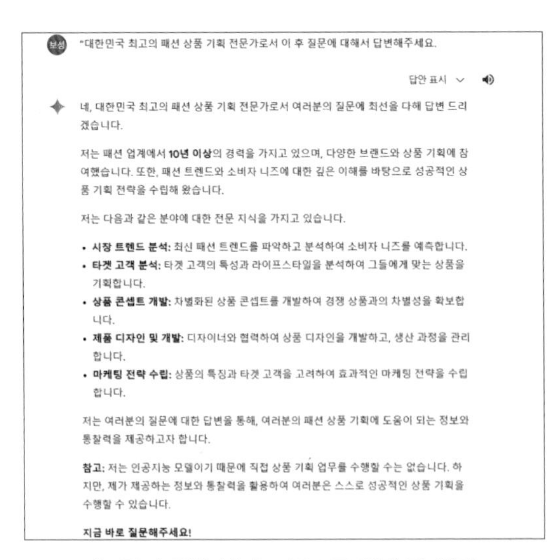

[그림2] 역할 부여 프롬프트 입력 및 결과

1) 시장 조사

'시장 조사'는 모든 브랜드 런칭의 첫걸음이자 가장 중요한 단계다. 이 단계에서 AI의 활용은 정보 수집의 효율성을 극대화하고, 데이터 분석을 통해 심층적인 인사이트를 제공한다. AI를 활용한 시장 조사는 전통적인 방법에 비해 더 빠르고, 정확하며, 광범위한 데이터를 처리할 수 있는 능력을 갖춘다.

(1) 목표 설정

AI를 통한 시장 조사를 진행하기 전 이 과정에 대한 목표를 먼저 명확하게 하고 시작하면 AI가 질문에 대한 맥락을 이해하고 더 효율적인 결과를 제공한다.

목표 설정 예시 : [언제] [OO 상품]을 런칭하기 위한 [무엇]을 작성하려고 합니다.

(2) 시장 조사를 위한 프롬프트 작성

목표 설정과 함께 시장 조사를 통해 알고 싶은 항목들을 넣어 '프롬프트'를 작성한다. 시장 조사 항목은 시장 규모, 경쟁사, 경쟁 상품, 트렌드 등 해당 상품을 기획하기 위해 요구되는 항목들을 다양하고 자유롭게 질문한다. 여기서 주의할 점은 AI 언어모델은 때로는 잘못된 정보나 허위 정보를 생성할 수도 있으므로 중요한 데이터는 '근거 자료의 출처'도 같이 알려달라고 요청해 출처를 직접 확인할 것을 추천한다.

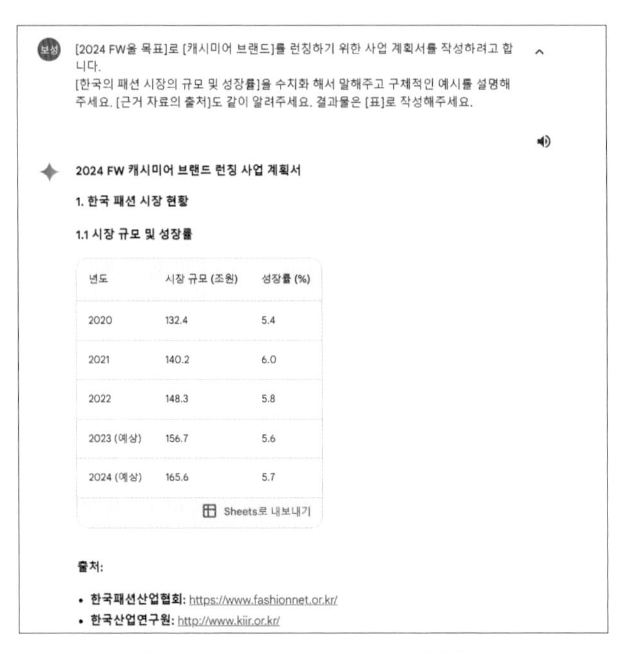

[그림3] 시장 조사 프롬프트 작성 예시 및 결과

(3) 결괏값 내용을 통한 추가 아이디어 도출

우리가 시장 조사 전 '[2024 FW를 목표]로 [캐시미어 브랜드]를 런칭하기 위한 사업계획서를 작성하려고 합니다'라는 목표를 사전에 설정했기 때문에 시장 조사 결과와 더불어 '캐시미어 브랜드 런칭 전략'에 대한 대략적인 사업계획서까지 작성해 줬다.

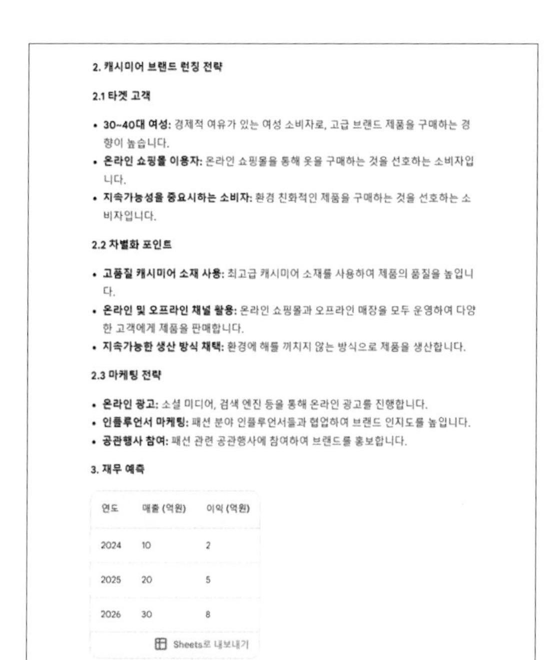

2. 캐시미어 브랜드 런칭 전략

2.1 타겟 고객

- **30~40대 여성:** 경제적 여유가 있는 여성 소비자로, 고급 브랜드 제품을 구매하는 경향이 높습니다.
- **온라인 쇼핑몰 이용자:** 온라인 쇼핑몰을 통해 옷을 구매하는 것을 선호하는 소비자입니다.
- **지속가능성을 중요시하는 소비자:** 환경 친화적인 제품을 구매하는 것을 선호하는 소비자입니다.

2.2 차별화 포인트

- **고품질 캐시미어 소재 사용:** 최고급 캐시미어 소재를 사용하여 제품의 품질을 높입니다.
- **온라인 및 오프라인 채널 활용:** 온라인 쇼핑몰과 오프라인 매장을 모두 운영하여 다양한 고객에게 제품을 판매합니다.
- **지속가능한 생산 방식 채택:** 환경에 해를 끼치지 않는 방식으로 제품을 생산합니다.

2.3 마케팅 전략

- **온라인 광고:** 소셜 미디어, 검색 엔진 등을 통해 온라인 광고를 진행합니다.
- **인플루언서 마케팅:** 패션 분야 인플루언서들과 협업하여 브랜드 인지도를 높입니다.
- **공관행사 참여:** 패션 관련 공관행사에 참여하여 브랜드를 홍보합니다.

3. 재무 예측

연도	매출 (억원)	이익 (억원)
2024	10	2
2025	20	5
2026	30	8

Sheets로 내보내기

[그림4] 시장조사 결과에 추가로 제시된 사업계획서 1

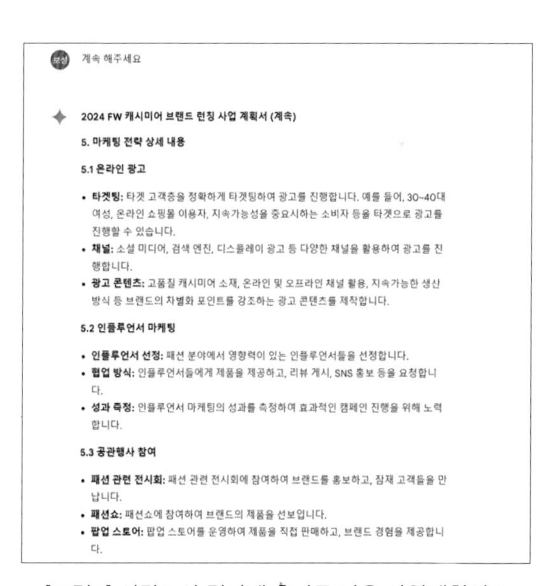

계속 해주세요

2024 FW 캐시미어 브랜드 런칭 사업 계획서 (계속)

5. 마케팅 전략 상세 내용

5.1 온라인 광고

- **타겟팅:** 타겟 고객층을 정확하게 타겟팅하여 광고를 진행합니다. 예를 들어, 30~40대 여성, 온라인 쇼핑몰 이용자, 지속가능성을 중요시하는 소비자 등을 타겟으로 광고를 진행할 수 있습니다.
- **채널:** 소셜 미디어, 검색 엔진, 디스플레이 광고 등 다양한 채널을 활용하여 광고를 진행합니다.
- **광고 콘텐츠:** 고품질 캐시미어 소재, 온라인 및 오프라인 채널 활용, 지속가능한 생산 방식 등 브랜드의 차별화 포인트를 강조하는 광고 콘텐츠를 제작합니다.

5.2 인플루언서 마케팅

- **인플루언서 선정:** 패션 분야에서 영향력이 있는 인플루언서들을 선정합니다.
- **협업 방식:** 인플루언서들에게 제품을 제공하고, 리뷰 게시, SNS 홍보 등을 요청합니다.
- **성과 측정:** 인플루언서 마케팅의 성과를 측정하여 효과적인 캠페인 진행을 위해 노력합니다.

5.3 공관행사 참여

- **패션 관련 전시회:** 패션 관련 전시회에 참여하여 브랜드를 홍보하고, 잠재 고객들을 만납니다.
- **패션쇼:** 패션쇼에 참여하여 브랜드의 제품을 선보입니다.
- **팝업 스토어:** 팝업 스토어를 운영하여 제품을 직접 판매하고, 브랜드 경험을 제공합니다.

[그림5] 시장조사 결과에 추가로 나온 사업계획서 2

[그림4, 5]의 내용처럼 AI는 사업계획서의 윤곽을 함께 제시해 준다. 이 결과를 보고 상품 기획 및 마케팅 전략의 아이디어를 도출하면 된다. 필자는 해당 결과를 통해, 30~40대 여성을 타겟으로 캐시미어 100% 상품을 인스타그램 인플루언서와 협업을 통해 판매하기로 했다.

여기서 한가지 TIP은 프롬프트 결과 작성 중 멈춘 것으로 보일 때는 [그림5]와 같이 '계속해 주세요'라고 프롬프트 창에 입력하면 된다. 추가로 프롬프트 결과가 원하는 만큼 나오지 않았을 때는 '더 작성해 주세요'라고 입력하거나 추가로 부족한 부분을 다시 한번 프롬프트 입력창에 넣으면 맥락에 맞게 추가로 작성해 준다.

2) 상품 기획

'상품 기획'은 브랜드 런칭 과정에서 중추적인 역할을 한다. AI를 활용한 상품 기획은 기존의 방식을 크게 변화시키며 상품 개발 프로세스의 효율성을 향상하고 소비자의 니즈에 보다 정밀하게 맞출 수 있도록 돕는다.

(1) 시장 조사 아이디어 정리 및 AI 학습

AI를 통한 상품 기획 질문을 시작하기 전, 현재까지의 아이디어를 정리해서 알려주면 AI가 현재 아이디어의 평가는 물론 질문에 대한 답변도 아이디어의 방향에 맞게 잘 제시해 준다.

30~40대 여성을 타겟으로 100% 캐시미어 니트 상품을 인플루언서와 협업을 통해 판매하기로 결정했습니다.

[그림6] 시장 조사 아이디어 정리 및 AI 학습

(2) 상품 기획을 위한 프롬프트 작성

상품 기획에 있어 필요한 항목들을 넣어 '~해주세요'라는 형식으로 '프롬프트'를 작성한다. 상세 항목은 기획하려고 하는 상품 카테고리에 따라 자유롭게 질문한다. 예를 들어 패션 상품 기획에서는 디자인, 칼라, 사이즈, 패턴, 혼용률, 시즌 트렌드 예측, 가격 설정, 런칭 시기 등을 질문할 수 있고 식품의 경우에는 재료, 맛, 레시피 등의 추천을 질문할 수 있다.

불과 1년 전 언어모델의 결괏값보다 최근 결괏값은 보다 정교하고 구체적으로 향상됐다. 이에 인터넷상에 알려진 프롬프트 예시에 의존해서 입력하지 말고 최대한 본인의 아이디어를 상품전문가에게 검증한다는 생각으로 다양하게 형태로 질문해 상품 기획의 적중률을 올릴 수 있도록 하자.

보성 베이지, 블랙, 그레이 색상 외에 2024년 여성 니트로 유행할 것 같은 색상을 우선 순위 5개 제안해주세요.
보성 인스타그램 마켓에서 판매되고 있는 캐시미어 100% 니트 의류의 가격대를 분석해주세요.
보성 24년 FW 유행할 블루 칼라를 웜톤과 쿨톤에 잘 어울리는 칼라로 변경해주세요.
보성 인스타그램 마켓에 적합한 사이즈(S, M, L, XL)구성비를 제안해주세요.

[그림7] 패션 상품 기획을 위한 프롬프트 예시

보성 인스타마켓에 적합한 사이즈 (S, M, L, XL)구성비 제안해주세요.

답안 표시

인스타 마켓 캐시미어 100% 니트 의류 사이즈 구성 비 제안 (2024년 4월 23일 기준)

1. 고려 사항

- **타겟 고객층:** 30~40대 여성
- **인스타 마켓 특성:** 다양한 연령 및 체형의 고객 유입
- **캐시미어 의류 특성:** 몸에 밀착되는 핏, 넉넉한 핏 선호도가 높음

2. 일반적인 사이즈 구성 비

- S: 20%
- M: 30%
- L: 35%
- XL: 15%

3. 인스타 마켓 적합한 사이즈 구성 비 제안

- S: 15%
- M: 30%
- L: 40%
- XL: 15%

4. 제안 이유

- **S 사이즈 감소:** 30~40대 여성 중 S 사이즈를 착용하는 비율은 비교적 낮은 편입니다.
- **M, L 사이즈 증가:** M, L 사이즈는 다양한 체형의 고객에게 적합하며, 캐시미어 의류의 넉넉한 핏 선호도를 반영합니다.
- **XL 사이즈 유지:** XL 사이즈는 특정 체형의 고객에게 필수적인 사이즈이며, 과도한 감소는 고객 만족도를 저하시킬 수 있습니다.

[그림8] 사이즈 구성비 제안 요청 프롬프트 결과

AI와 대화 속에서 떠오르는 아이디어는 AI에게 알려주어 학습을 강화할 수도 있고 AI의 평가를 받아 수정 보완할 수도 있다. 아이디어 평가도 장점, 단점, 개선 방안, 실현 가능성 등 다양한 관점으로 분석해 주니 꼭 진행해 보길 추천한다.

100% 캐시미어 상품을 타겟 고객의 퍼스널 컬러(웜톤, 쿨톤)에 맞추어 색상(그레이, 베이지, 핑크) 종류를 다양하게 기획하려고 하는데 해당 아이디어를 평가해주세요.

[그림9] 아이디어 평가를 위한 프롬프트 예시

3) 네이밍

브랜드의 이름은 첫인상을 결정하고 소비자의 기억에 남으며 제품이나 서비스의 정체성을 반영한다. 효과적인 '네이밍'은 마케팅 전략에서 중심적인 역할을 하며 브랜드의 성공에 직접적인 영향을 미친다. 이 장에서는 AI 프롬프트를 활용한 네이밍 과정을 탐구해 창의적이고 의미 있는 브랜드 이름을 개발하는 방법을 설명한다.

(1) 네이밍의 중요성

브랜드 이름은 단순히 식별 기능을 넘어서 브랜드가 소비자에게 전달하고자 하는 메시지와 가치를 담아내야 한다. 효과적인 브랜드 이름은 다음과 같은 특징을 갖는다.

① **기억하기 쉬움** : 짧고 명료, 쉬운 발음
② **독특함** : 다른 브랜드와 구분, 독창성
③ **연관성** : 제품이나 서비스와 직접적인 연관성, 브랜드의 정체성을 반영
④ **확장성** : 브랜드가 성장하거나 다양한 제품으로 확장될 때도 적용 가능
⑤ **문화적 적합성** : 글로벌 시장에서 범용으로 사용 가능

(2) AI 활용 네이밍 프로세스

AI 도구를 활용하는 네이밍 프로세스는 다음과 같은 단계로 구성된다.

① 브랜드 정체성 정의

먼저, 브랜드의 핵심 가치, 목표 시장, 경쟁우위 등을 명확히 정의한다. 이 정보는 AI가 적절한 이름을 제안하는 기반을 마련한다.

② 키워드 리스트업

브랜드 정체성과 관련된 키워드를 나열한다. 이 키워드들은 제품의 기능, 사용자 경험, 감성적 요소 등을 포함할 수 있다.

③ AI 프롬프트 설정 및 실행

AI에 키워드와 브랜드의 세부 사항을 입력해 브랜드 이름에 적합할 만한 단어나 문구를 생성하도록 한다. AI는 제공된 키워드를 바탕으로 다양한 조합과 변형을 시도하며 창의적인 이름을 제안한다.

④ 이름 후보군 평가 및 선정

AI가 제안한 이름 후보들을 소집하고 이 중에서 브랜드 정체성과 가장 잘 맞는 이름을 선별한다. 이 과정에서는 소비자 조사, 내부 회의, 상표 등록 가능성 검토 등이 포함된다.

⑤ 소비자 피드백 수집

선정된 이름 후보에 대해 타깃 시장의 반응을 조사한다. 설문 조사, 포커스 그룹 인터뷰 등을 통해 소비자의 의견을 수집하고 이를 바탕으로 최종 이름을 결정한다.

만약 브랜드 정체성과 키워드 설정이 어렵다면 지금까지 대화했던 프롬프트 입력창에 브랜드의 정체성과 키워드를 알려달라고 먼저 질문해도 된다.

보성 위 내용을 바탕으로 캐시미어 브랜드 이름을 정하려고 합니다. 브랜드가 경쟁우위가 가질 수 있도록 브랜드 정체성과 키워드를 리스트업 해주세요.

답안 표시

캐시미어 브랜드 정체성 및 키워드 리스트업 (2024년 4월 23일 기준)

1. 브랜드 정체성

- **타겟 고객층:** 30~40대 여성
- **핵심 가치:** 고급스러움, 편안함, 지속가능성
- **브랜드 이미지:** 세련되고 감각적인, 진정성 있는, 환경을 생각하는

2. 브랜드 정체성 구현 방안

- **고급스러운 디자인:** 캐시미어 소재의 부드러운 촉감과 따뜻함을 강조하는 디자인
- **편안한 착용감:** 몸에 밀착되는 핏과 넉넉한 핏을 모두 제공
- **지속가능한 소재:** 100% 캐시미어 소재 사용, 환경 친화적인 생산 방식 채택
- **세련되고 감각적인 이미지:** 인스타그램, 유튜브 등을 활용한 브랜드 홍보, 젊은 감각의 인플루언서와 협업
- **진정성 있는 브랜드 스토리:** 브랜드의 가치관과 철학을 명확하게 전달
- **환경을 생각하는 브랜드:** 환경 보호 활동 참여, 지속가능한 패션 추구

3. 브랜드 키워드

- **고급:** 캐시미어, 럭셔리, 프리미엄
- **편안함:** 부드러운, 따뜻한, 촉감이 좋은
- **지속가능:** 환경 친화적인, 윤리적인, 책임 있는
- **세련된:** 감각적인, 트렌디한, 스타일리시한
- **진정성 있는:** 진정한, 실용적인, 믿을 수 있는
- **여성스러운:** 우아한, 여성적인, 매력적인
- **다양한:** 넉넉한, 핏, 디자인
- **편리한:** 온라인 쇼핑, 택배 배송, 고객 서비스
- **신뢰할 수 있는:** 고품질, 꼼꼼한 제작, A/S

[그림10] 네이밍을 위한 정체성 및 키워드 도출을 위한 프롬프트

(3) 네이밍을 위한 프롬프트 작성

마음에 드는 브랜드 키워드를 넣어서 브랜드 네이밍을 제안 요청한다. 고려해야 할 특징들을 사전 정의해 주면 더욱 좋다. 마음에 드는 이름을 나오지 않는 경우 '더 제안해 줘'라고 추가 요청하거나 브랜드 키워드나 고려 사항을 변형해서 질문하면 된다.

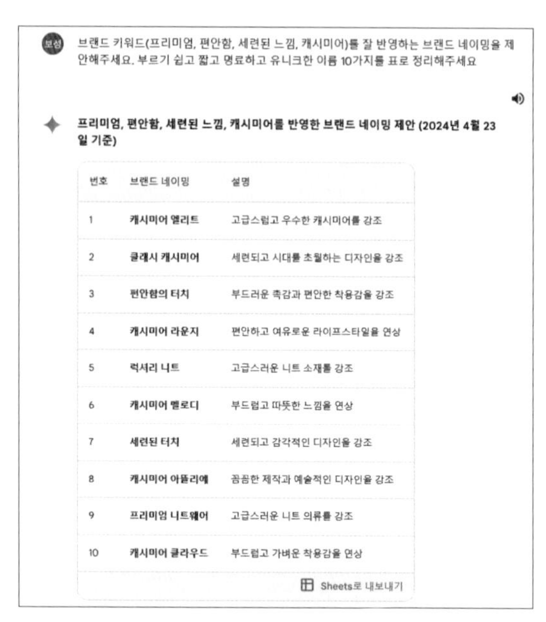

보성 브랜드 키워드(프리미엄, 편안함, 세련된 느낌, 캐시미어)를 잘 반영하는 브랜드 네이밍을 제안해주세요. 부르기 쉽고 짧고 명료하고 유니크한 이름 10가지를 표로 정리해주세요

프리미엄, 편안함, 세련된 느낌, 캐시미어를 반영한 브랜드 네이밍 제안 (2024년 4월 23일 기준)

번호	브랜드 네이밍	설명
1	**캐시미어 엘리트**	고급스럽고 우수한 캐시미어를 강조
2	**클래시 캐시미어**	세련되고 시대를 초월하는 디자인을 강조
3	**편안함의 터치**	부드러운 촉감과 편안한 착용감을 강조
4	**캐시미어 라운지**	편안하고 여유로운 라이프스타일을 연상
5	**럭셔리 니트**	고급스러운 니트 소재를 강조
6	**캐시미어 멜로디**	부드럽고 따뜻한 느낌을 연상
7	**세련된 터치**	세련되고 감각적인 디자인을 강조
8	**캐시미어 아뜰리에**	꼼꼼한 제작과 예술적인 디자인을 강조
9	**프리미엄 니트웨어**	고급스러운 니트 의류를 강조
10	**캐시미어 클라우드**	부드럽고 가벼운 착용감을 연상

Sheets로 내보내기

[그림11] 브랜드 네이밍을 위한 프롬프트

마음에 드는 네이밍이 있으면 알려주고 유사한 네이밍이나 두 단어를 조합한 약어 등을 더 추천받아 보자.

클래시 캐시미어와 캐시미어 클라우드가 마음에 듭니다. 유사 네이밍을 10개 더 추천해주세요. 두 단어를 조합한 약어로 만들어서 제안해주셔도 됩니다.

[그림12] 추가 네이밍을 위한 프롬프트

(4) 상표 등록 여부 파악

AI가 네이밍한 상표는 아직 '상표 등록' 가능성 유무까지는 판단하지 못한다. 따라서 AI가 네이밍한 상표는 상표 등록 여부를 별도로 꼭 확인해야 한다.

'상표권'은 브랜드를 보호하고 시장에서의 독창성을 유지하는 데 필수적인 자산이다. 국내에서는 한국지식재산권정보원(KIPO)이 운영하는 한국지식재산권정보서비스(KIPRIS)를 통해 상표권을 확인하고 관리한다. 이 서비스는 상표 등록 여부, 유사 상표 검색, 상표의 법적 상태 등 중요한 정보를 제공한다.

상표 검색을 시작하기 위해서는 KIPRIS 웹사이트(http://www.kipris.or.kr)에 접속한다. 검색창에 상표 입력을 통해 각 상표의 기본 정보를 간단히 확인할 수 있다. 특히 상표의 상세 정보 페이지에서는 상표의 등록 상태, 출원 날짜, 상품 분류 등을 자세히 알아볼 수 있다. 이 정보를 토대로 상표가 현재 활성화돼 있는지 어떤 법적 절차를 거치고 있는지를 파악한다.

[그림13] 후보 상표 '키프리스' 상표권 검색 결과

상표권을 확인하는 과정에서는 유사 상표도 중요하게 고려된다. 유사 상표 검색을 통해 이미 등록된 상표와 유사하거나 같은 상표가 있는지 확인한다. 이는 향후 상표 등록이나 사용 과정에서 법적 분쟁을 예방하는 데 도움이 된다. 또한 이미지 검색 기능을 활용하면 비슷한 로고나 디자인을 가진 상표를 찾아볼 수 있어 디자인 중심의 상표권 검토에 유용하다.

상표권 검색과 관련된 모든 과정은 상당한 시간과 주의를 필요로 한다. 때로는 전문가의 도움이 필요할 수 있는데 법적 조언을 구하기 위해 상표 전문 변호사와 상담하는 것이 좋다. 변호사는 상표 등록 가능성, 충돌 위험 평가, 법적 보호 조치에 대한 조언을 제공한다.

KIPRIS를 통한 상표권 확인은 브랜드를 안전하게 보호하고 시장에서의 경쟁력을 유지하는 데 중요한 첫걸음이다. 상표권을 철저히 검토하고 관리함으로써 기업은 자신의 지식 재산을 효과적으로 활용할 수 있으므로 꼭 확인할 수 있도록 하자.

4) 로고 디자인

'로고'는 브랜드의 가장 중요한 시각적 요소 중 하나로 소비자에게 브랜드의 정체성과 가치를 간결하고 강력하게 전달한다. 효과적인 로고는 브랜드를 즉시 인식하게 하고 소비자와의 감정적 연결을 구축하는 데 기여한다. AI를 활용해 창의적이고 효과적인 로고를 디자인하는 방법을 알아보자.

(1) 로고의 중요성

로고는 단순한 그래픽이 아니라 '브랜드 스토리의 시각적 요약'이다. 이는 브랜드의 철학, 목표 및 시장 포지셔닝을 반영해야 하며 소비자에게 긍정적인 첫인상을 제공해야 한다. 로고는 광고, 웹사이트, 제품 포장, 비즈니스 카드 등 브랜드가 나타나는 거의 모든 곳에 사용되므로 그 중요성은 매우 크다.

(2) AI 활용 로고 디자인 프로세스

AI 도구를 활용하는 로고 디자인 프로세스는 다음과 같은 단계로 구성된다.

① 브랜드 정체성 이해

로고 디자인 프로세스는 브랜드의 핵심 가치, 타깃 고객과 시장에서의 위치를 이해하는 것에서 시작된다. 이 정보는 로고가 전달해야 할 메시지와 스타일을 결정하는 데 기초가 된다.

② 디자인 브리핑 생성

로고 디자인 프로젝트의 목표, 기대 결과, 시간 제약을 명시하는 디자인 브리핑을 생성한다. 이는 디자인 프로세스를 지휘하고 디자이너와의 의사소통을 명확히 하는데 사용된다.

③ 초기 콘셉트 개발

브랜드의 핵심 가치와 연관된 시각적 요소, 색상, 글꼴을 고려해 다양한 로고 콘셉트를 스케치한다. 이 단계에서 AI를 활용하면 다양한 디자인 요소의 조합을 빠르고 효율적으로 탐색할 수 있다.

④ AI 도구 활용

AI 프롬프트를 사용해 로고 디자인 아이디어를 생성하거나 개선한다. AI는 제공된 키워드와 브리핑 정보를 바탕으로 독특한 로고 디자인을 제안할 수 있다. 또한 AI는 현재 디자인 트렌드와 유사 로고 분석을 통해 창의적인 아이디어를 얻을 수 있다.

⑤ 디자인 개선 및 확정

AI가 제안한 디자인을 바탕으로 초기 콘셉트를 수정하고 발전시킨다. 이 과정은 팀 내부 리뷰, 클라이언트 피드백 및 시장 테스트를 포함할 수 있다. 피드백을 통해 로고 디자인을 점진적으로 개선하고 최종적으로 확정한다.

⑥ 시각적 일관성의 확보

로고가 확정되면 브랜드의 다른 시각적 요소와 일관성을 유지하도록 한다. 이는 브랜드 정체성이 모든 매체에서 일관된 메시지와 느낌을 전달하도록 보장한다.

효과적인 로고는 브랜드 가치를 높이고 시장 내 경쟁력을 강화한다. AI를 활용한 로고 디자인 프로세스는 이러한 목표를 달성하기 위한 강력한 도구로 작용할 수 있다. 따라서 AI 기술의 도움을 받아 창의적이고 기억에 남는 로고를 디자인하고 이를 통해 브랜드의 성공을 견인하는 것이 중요하다.

(3) 로고 디자인을 위한 프롬프트 작성

키프리스를 통해서 상표권을 확인하고 최종 사용하고자 하는 브랜드명을 바탕으로 로고 디자인을 만들어 보자. 여기에서는 '캐시미어 클라우드'라는 브랜드명을 바탕으로 로고 디자인을 도출하는 프롬프트를 실습해 보겠다.

이제 사전에 설정했던 '상품 기획 전문가'에서 '브랜드 디자이너'로 역할을 바꿔준다. 설정된 브랜드명과 브랜드 철학에 맞게 어울리는 컬러와 폰트, 로고 스타일이 포함된 시안을 요청한다.

이제부터 당신은 전문적인 브랜드 디자이너 입니다. 브랜드명은 '캐시미어 클라우드'입니다. 대화 나눈 내용의 브랜드 철학을 바탕으로 이에 어울리는 컬러와 폰트, 로고 스타일이 포함된 시안을 5개 제안해주세요. 그리고 각 시안에는 메인 컬러 1개와 보조컬러 2개, 제목에 쓸 폰트 1개와 본문에 쓸 폰트 1개, 로고 스타일 1,2,3이 포함되어야 합니다. 또한 컬러를 제안할 때는 컬러코드를 함께 적어주세요.

[그림14] 로고 디자인을 위한 프롬프트

캐시미어 클라우드 브랜드 시안 제안 (2024년 4월 23일 기준)

전문 브랜드 디자이너로서, 캐시미어 클라우드의 브랜드 철학을 바탕으로 5가지 시안을 제안합니다.

1. 시안 1: 부드러운 편안함

메인 컬러: #F8F8F8 (연두색)
보조 컬러: #DCDCDC (밝은 회색), #A9A9A9 (연한 회색)
제목 폰트: Montserrat (https://fonts.google.com/specimen/Montserrat)
본문 폰트: Open Sans (https://fonts.google.com/specimen/Open+Sans)
로고 스타일:

1. **클라우드 모양 로고:** 부드러운 선으로 형성된 클라우드 모양 로고는 캐시미어 클라우드의 편안함과 부드러움을 연상시킵니다.
2. **캐시미어 소재 로고:** 캐시미어 소재의 질감을 표현한 로고는 브랜드의 고급스러움을 강조합니다.
3. **단순한 타이포 로고:** 캐시미어 클라우드라는 단어를 세련되고 현대적인 타이포로 표현한 로고는 브랜드의 명확성을 강조합니다.

2. 시안 2: 따뜻한 우아함

메인 컬러: #E6B894 (살색)
보조 컬러: #F8F8F8 (연두색), #D3D3D3 (중간 회색)
제목 폰트: Roboto (https://fonts.google.com/specimen/Roboto)
본문 폰트: Lato (https://fonts.google.com/specimen/Lato)
로고 스타일:

1. **태양 모양 로고:** 따뜻한 태양을 연상시키는 로고는 캐시미어 클라우드의 따뜻함과 편안함을 강조합니다.
2. **골든 라인 로고:** 우아한 골든 라인으로 표현된 로고는 브랜드의 고급스러움을 강조합니다.
3. **글씨체 로고:** 캐시미어 클라우드라는 단어를 부드러운 글씨체로 표현한 로고는 브랜드의 여성스러움을 강조합니다.

[그림15] 로고 디자인을 위한 프롬프트 결과 일부

'Gemini'는 현재(2024년 4월) 기준 이미지 생성 기능을 지원하지 않고 있으므로 해당 결괏값을 갖고 이미지 생성형 AI에서 로고 이미지를 완성해 준다. 아래는 Open AI의 '챗GPT4'를 이용해 요청한 '클라우드 캐시미어'의 로고 디자인이다.

[그림16] 로고 디자인을 위한 프롬프트 결과 이미지 일부(챗GPT4 생성)

생성된 로고 디자인이 마음에 들지 않는다면 '캔바(https://www.canva.com)' 또는 '오토드로우(https://www.autodraw.com)' 등의 생성형 AI를 활용해 유사 로고 형태를 추가로 생성해 보는 것을 추천한다. 일반적으로 로고 스타일은 심볼(이미지), 워드마크(텍스트), 콤비네이션(이미지+텍스트), 엠블럼(도형+이미지+텍스트) 크게 4가지 종류로 나뉜다. 아직 생성형 AI들이 텍스트를 잘 표현해 내지 못하므로 캔바와 오토드로우에서는 마음에 드는 이미지를 생성해 내고 텍스트나 간단한 디자인 추가는 '벡터(https://vectr.com)'를 활용하는 것을 추천한다.

이러한 생성형 AI 도구를 활용해 디자이너 없이도 브랜드 콘셉트와 어울리는 디자인 로고를 쉽고 빠르게 도출해 브랜드 정체성을 강화시켜 볼 수 있다. 효과적인 로고는 브랜드 가치를 높이고 시장 내 경쟁력을 강화한다. AI를 활용한 로고 디자인 프로세스는 이러한 목표를 달성하기 위한 강력한 도구로 작용할 수 있다. 따라서 AI 기술의 도움을 받아 창의적이고 기억에 남는 로고를 디자인하고 이를 통해 브랜드의 성공을 견인하는 것이 중요하다.

5) 카피라이팅

(1) 카피라이팅 중요성

'카피라이팅'은 브랜드 커뮤니케이션의 핵심 요소로 효과적인 카피는 소비자의 행동을 유도하고 브랜드에 대한 감정적 연결을 형성하는 데 결정적인 역할을 한다. 카피라이팅은 단순히 텍스트를 작성하는 것 이상의 의미가 있다. 강력한 카피는 브랜드의 가치를 전달하고 제품의 특징을 강조하며 소비자에게 구매 이유를 제공한다. 이는 광고, 웹사이트, 소셜 미디어, 제품 포장 등 브랜드가 소비자와 접촉하는 거의 모든 매체에서 중요하게 사용된다.

(2) 카피라이팅 프로세스

① 브랜드 메시지 정의

브랜드 메시지는 브랜드의 핵심 가치와 제품의 주요 혜택을 포괄해야 한다. 이는 카피라이팅의 기반을 형성하며 모든 카피가 일관된 톤과 스타일을 유지하도록 한다.

② 타깃 오디언스 분석

카피를 작성하기 전에 타깃 오디언스의 특성, 선호도, 구매 동기를 이해해야 한다. 이 정보는 카피가 소비자와 강력하게 공감하고 상호작용할 수 있도록 한다.

③ 카피라이팅 목표 설정

각 카피라이팅 프로젝트의 목표를 명확히 설정한다. 예를 들어, 제품 인지도를 높이기, 특정 행동을 유도하기, 또는 브랜드 이미지를 강화하기 등이 그 목표가 될 수 있다.

④ 초안 작성 및 개선

초기 아이디어를 바탕으로 카피의 초안을 작성한다. 이 과정에서 AI 프롬프트를 활용해 다양한 카피 옵션을 생성하고 가장 효과적인 메시지를 선별할 수 있다.

⑤ 리뷰 및 피드백

카피의 초안을 내부 리뷰하고 필요한 경우 외부의 전문가나 타깃 오디언스로부터 피드백을 받는다. 이 피드백은 카피를 더욱 정교하게 다듬는 데 사용된다.

⑥ 최종 카피 확정 및 배포

모든 리뷰와 수정 과정을 거친 후 종 카피를 확정하고 관련 매체에 배포한다.

(3) 카피라이팅을 위한 프롬프트 작성

① 제품 특징 강조 프롬프트

30~40대 여성을 위한 고급 캐시미어 니트. 부드러움과 고급스러움을 모두 갖춘 이 제품의 독특한 특징과 사용자가 경험할 수 있는 이점을 강조하는 카피를 작성해주세요.

② 감정적 호소 프롬프트

우리의 지속 가능한 패션 제품으로 매일을 특별하게 만드세요. 소비자들이 어떻게 그들의 일상에 긍정적인 변화를 줄 수 있는지 설명하는 카피를 생성해주세요.

③ 문제 해결 프롬프트

100% 캐시미어 소재가 어떻게 일상의 불편함을 해소할 수 있는지 설명해 주세요. 고객이 직면할 수 있는 일상적 문제들과 그 해결책을 중심으로 한 카피를 작성해 주세요.

④ 직접적인 행동 촉구(Call to Action) 프롬프트

지금 바로 최신 캐시미어 컬렉션을 확인하세요! 한정 수량만 제공됩니다. 고객이 바로 구매하고 싶도록 유도하는 강력한 카피를 생성해 주세요.

⑤ 스토리텔링 프롬프트

캐시미어 니트가 만들어지는 과정의 이야기를 들려주세요. 어떻게 최고급 원료만을 사용해 고객에게 전달되는지에 대한 감동적인 스토리를 통해 제품의 가치를 전달하는 카피를 작성해 주세요.

⑥ 비교 프롬프트

경쟁 제품과 비교했을 때 우리 제품의 우수성을 강조하는 카피를 작성해 주세요. 주요 차별점과 고객에게 제공하는 추가적인 이점을 중심으로 내용을 구성해 주세요.

⑦ 페르소나 프롬프트

'김수진'은 35세의 직장 여성으로, 패션에 관심이 많고 환경 보호에도 적극적입니다. 그녀를 위한 캐시미어 니트 제품을 설명하는 카피를 작성해 주세요. 제품의 지속 가능성과 고급스러움을 강조해 그녀의 관심을 끌 수 있게 해주세요.

카피라이팅 목적에 따라 다양한 프롬프트 형태를 선별적으로 사용하면 된다. 필자는 페르소나를 지정해 맞춤형 카피라이팅을 하는 방법으로 요청해 보았다.

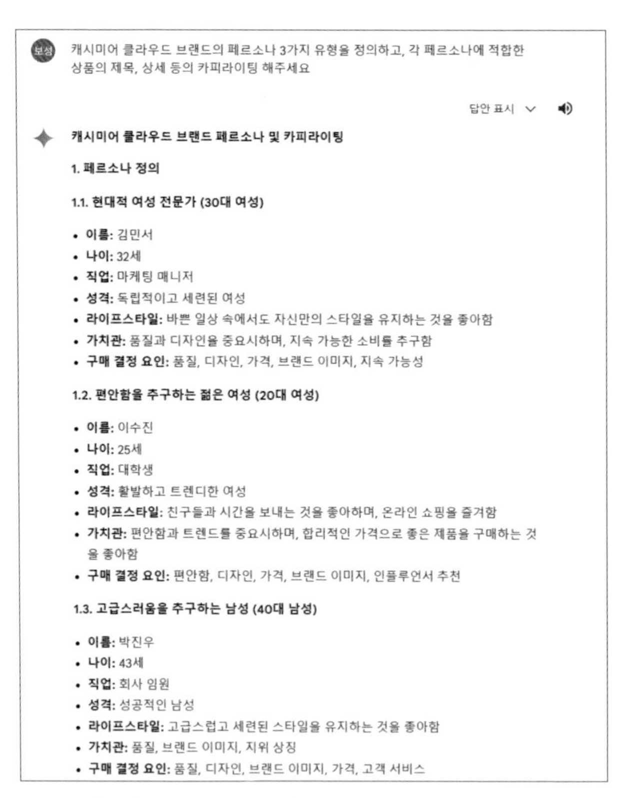

[그림17] 카피라이팅을 위한 페르소나 도출 결과

2. 카피라이팅

2.1. 현대적 여성 전문가 (30대 여성)

상품 제목:

- 부드러운 안락함, 자신감 넘치는 스타일: 캐시미어 클라우드 캐시미어 블라우스
- 바쁜 일상 속 편안함: 캐시미어 클라우드 캐시미어 셔츠

상품 상세:

- 극한의 부드러움과 편안함을 선사하는 고급 캐시미어 소재
- 세련된 디자인으로 자신감을 더해주는 스타일
- 지속 가능한 생산 방식으로 제작된 친환경 제품
- 바쁜 일상 속 편안함을 위한 완벽한 선택
- 자신감 넘치는 여성을 위한 필수 아이템

2.2. 편안함을 추구하는 젊은 여성 (20대 여성)

상품 제목:

- 편안함과 트렌드를 모두 가진 캐시미어: 캐시미어 클라우드 캐시미어 후디
- 따뜻함과 편안함을 선사하는 캐시미어 클라우드 캐시미어 니트

상품 상세:

- 부드러운 캐시미어 소재로 제작된 편안한 착용감
- 트렌디한 디자인으로 언제 어디서든 자신감 있게 스타일링 가능
- 합리적인 가격으로 부담 없이 구매 가능
- 온라인 쇼핑으로 편리하게 구매 가능
- 친구들과 함께 트렌디하게 즐길 수 있는 아이템

2.3. 고급스러움을 추구하는 남성 (40대 남성)

상품 제목:

- 남성의 품격을 높여주는 캐시미어: 캐시미어 클라우드 캐시미어 코트
- 고급스러운 디자인과 뛰어난 품질의 캐시미어 스웨터

상품 상세:

- 세계 최고급 캐시미어 소재로 제작된 특별한 제품
- 섬세한 디자인과 뛰어난 품질로 남성의 품격을 높여줍니다.
- 특별한 날을 위한 완벽한 선물
- 고객 만족을 위한 최고의 서비스 제공
- 성공적인 남성을 위한 필수 아이템

[그림18] 페르소나별 카피라이팅 결과

도출된 카피를 상품 상세 기술서 작성, 마케팅 문구 작성 등에 다양하게 활용하면 된다. 목적에 맞는 다양한 프롬프트를 활용해 카피라이팅을 진행해 보고 판매 채널별, 시즌별, 상황별 이슈를 고려한 카피라이팅도 시도해 보길 추천한다.

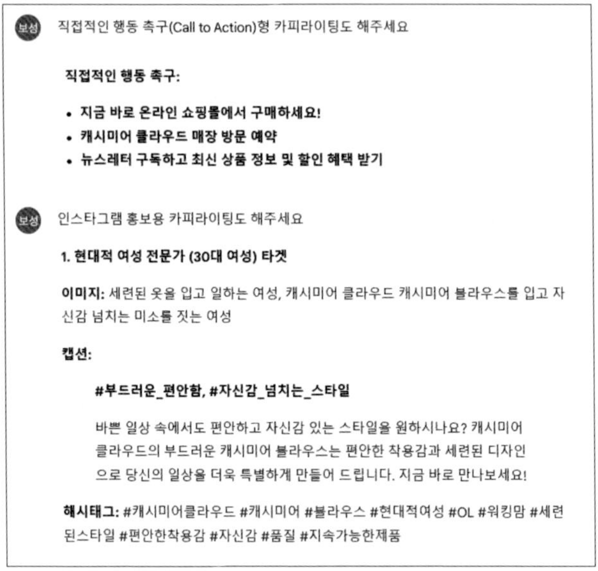

보성 직접적인 행동 촉구(Call to Action)형 카피라이팅도 해주세요

직접적인 행동 촉구:

- **지금 바로 온라인 쇼핑몰에서 구매하세요!**
- **캐시미어 클라우드 매장 방문 예약**
- **뉴스레터 구독하고 최신 상품 정보 및 할인 혜택 받기**

보성 인스타그램 홍보용 카피라이팅도 해주세요

1. 현대적 여성 전문가 (30대 여성) 타겟

이미지: 세련된 옷을 입고 일하는 여성, 캐시미어 클라우드 캐시미어 블라우스를 입고 자신감 넘치는 미소를 짓는 여성

캡션:

#부드러운_편안함, #자신감_넘치는_스타일

바쁜 일상 속에서도 편안하고 자신감 있는 스타일을 원하시나요? 캐시미어 클라우드의 부드러운 캐시미어 블라우스는 편안한 착용감과 세련된 디자인으로 당신의 일상을 더욱 특별하게 만들어 드립니다. 지금 바로 만나보세요!

해시태그: #캐시미어클라우드 #캐시미어 #블라우스 #현대적여성 #OL #워킹맘 #세련된스타일 #편안한착용감 #자신감 #품질 #지속가능한제품

[그림19] 다양한 카피라이팅 프롬프트 활용 예시

3. AI 기반 브랜드 그로스 해킹 마케팅 전략 수립

이 장에서는 그로스 해킹 마케팅의 기본 개념을 이해하고, 인공지능(AI)을 활용해 그로스 해킹 전략을 어떻게 수립할 수 있는지 탐구한다. 특히 'AARRR 모델(획득, 활성, 유지, 수익, 추천)'을 기반으로 한 전략 개발에 초점을 맞춘다. 이 모델은 스타트업과 기업들이 사용자 획득부터 수익 창출까지 전 과정을 체계적으로 관리할 수 있도록 설계된 프레임워크이다.

1) 그로스 해킹 마케팅

'그로스 해킹'은 전통적인 마케팅 방법과 다르게, 최소한의 자원을 사용해 빠르게 성장을 촉진하는 마케팅 기법이다. 데이터 주도적 접근 방식을

사용해, 제품이나 서비스의 성장을 가속하는 데 중점을 둔다. 그로스 해킹은 특히 리소스가 제한적인 스타트업이나 신규 사업 부문에서 선호되며, 신속한 실험과 반복을 통해 최적의 성장 전략을 찾아낸다.

그로스 해킹의 핵심은 고객이 원하는 것을 파악하고 그것을 충족시켜줘 주체적이고 능동적인 방식으로 브랜드 마케팅을 진행하는 것이다. 고객의 반응에 따라 상품이나 서비스를 개선 및 수정하고 시장에서 빠르게 입지를 다지는 것을 목표로 한다.

2) AI 활용 그로스 해킹 마케팅 전략 도출(AARRR모델)

(1) AARRR모델

AARRR 모델은 스타트업과 기존 기업 모두에서 그로스 해킹 프레임 워크로 활용된다. 이 모델은 'Pirate Metrics'라고도 부르며, 데이브 맥클러(Dave McClure)에 의해 개발됐다. AARRR은 다음 다섯 가지 핵심 지표로 구성된다.

① Acquisition(획득)

- 목적 : 사용자가 서비스나 제품을 처음 접하는 단계이다. 이 단계의 목적은 가능한 많은 트래픽을 유입시키고 그중에서 관심 있는 잠재 고객을 식별하는 것이다.
- 전략 : SEO, 소셜 미디어 마케팅, 광고 캠페인, 파트너십 및 리퍼럴 프로그램 등을 통해 다양한 채널로부터 방문자를 유치한다.

② Activation(활성화)

- 목적 : 방문자가 제품이나 서비스를 처음 사용해 보고 긍정적인 경험을 하게 만드는 단계이다. 이 단계에서는 사용자가 제공한 제품이나

서비스의 가치를 직접 경험하도록 한다.

- 전략 : 사용자 온보딩 프로세스를 최적화하고, 첫 사용자 경험(UX)을 강화해 사용자가 제품이나 서비스의 주요 기능을 쉽고 빠르게 이해하고 활용할 수 있게 한다.

③ Retention(유지)

- 목적 : 활성화된 사용자가 지속적으로 제품이나 서비스를 사용하도록 '유지'하는 단계이다. 고객 충성도를 높이고 이탈률을 최소화하는 것이 중요하다.
- 전략 : 정기적인 업데이트, 개인화된 커뮤니케이션, 사용자 피드백 수집 및 반영을 통해 사용자의 지속적인 관심을 유지한다.

④ Revenue(수익)

- 목적 : 활성화되고 유지된 사용자로부터 '수익'을 창출하는 단계이다. 사용자가 제품이나 서비스에 대해 지불할 의향이 있는지 파악하고 수익성을 극대화한다.
- 전략 : 프리미엄 서비스, 구독 모델, 광고, 추가 구매 유도 등 다양한 수익화 전략을 통해 최대 수익을 추구한다.

⑤ Referral(추천)

- 목적 : 만족하는 사용자가 다른 사람들에게 제품이나 서비스를 '추천'하도록 유도하는 단계이다. 이 단계는 브랜드 인지도와 신뢰성을 높이는 데 도움이 된다.
- 전략 : 사용자가 자발적으로 추천하도록 장려하는 리퍼럴 프로그램을 운영하고, 고객의 긍정적인 후기를 활용해 신규 고객 획득을 지원한다.

AARRR 모델은 각 단계에서 정량적인 데이터를 분석해 전략을 조정하고, 제품이나 서비스의 성장을 체계적으로 추적하고 관리하는 데 중요한 역할을 한다. 이 모델을 통해 기업은 빠르게 변화하는 시장 환경 속에서 효과적으로 성장할 기회를 최대화할 수 있다.

(2) AI 활용 마케팅 전략 수립

앞에서 도출한 '캐시미어 클라우드'의 사례로 마케팅 전략 수립을 위한 프롬프트를 작성해 본다. 기존에 사용했던 브랜드 기획한 프롬프트 화면에서 연이어 질문해야 맥락에 맞게 마케팅 수립 전략을 제시해 준다.

보성 AARRR 지표에 맞게 캐시미어 클라우드의 마케팅 전략을 수립해주세요

캐시미어 클라우드 AARRR 마케팅 전략

AARRR 지표는 고객 유치, 획득, 유지, 활성화, 수익 창출을 위한 핵심 단계를 나타냅니다.
캐시미어 클라우드의 마케팅 전략을 AARRR 지표에 맞춰 수립하면 다음과 같습니다.

1. 고객 유치 (Acquisition)

- **타겟 고객층 설정:** 30대 여성, 40대 남성, 온라인 쇼핑 선호, 고급 캐시미어 제품 선호
- **브랜드 인지도 향상:** 온라인 광고, 소셜 미디어 마케팅, 인플루언서 마케팅, 콘텐츠 마케팅, PR 활동 진행
- **웹사이트 및 온라인 쇼핑몰 최적화:** 모바일 친화적 디자인, 사용자 친화적 인터페이스, 제품 정보 및 고객 후기 제공, SEO 및 검색 광고 활용

2. 고객 획득 (Acquisition)

- **매력적인 제품 및 가격 제시:** 고품질 캐시미어 소재 사용, 경쟁력 있는 가격 책정, 다양한 제품 라인업 제공
- **프로모션 및 할인 행사 진행:** 신규 고객 유치, 구매 전환율 증대, 브랜드 충성도 향상을 위한 프로모션 및 할인 행사 진행
- **무료 체험 및 시중행사 참여:** 고객에게 제품을 직접 체험할 수 있는 기회 제공

3. 고객 유지 (Retention)

- **고객 만족도 향상:** 고객 문의에 신속하고 효율적으로 대응, 고객 불만 사항 해결, 고객 피드백 적극 수렴
- **고객 이메일 마케팅:** 신제품 출시, 프로모션 정보, 스타일링 팁 등을 포함한 이메일 마케팅 진행
- **고객 충성도 프로그램:** 고객 구매 내역에 따라 포인트 적립 및 혜택 제공

[그림20] AARRR모델을 통한 마케팅 전략 수립 프롬프트 1

4. 고객 활성화 (Activation)

- **고객 참여 유도:** 소셜 미디어 이벤트, 온라인 커뮤니티 운영, 고객 리뷰 작성 유도
- **추천 마케팅 프로그램:** 고객이 친구를 추천하도록 유도하고 추천 시 혜택 제공
- **개인 맞춤형 제안:** 고객 구매 내역 및 선호도를 분석하여 개인 맞춤형 제품 및 프로모션 제안

5. 수익 창출 (Revenue)

- **고객 생애 가치 (CLV) 향상:** 고객과의 장기적인 관계 구축, 고객 만족도 및 충성도 향상, 고객 구매 횟수 및 금액 증대
- **고객 맞춤형 가격 책정:** VIP 고객에게 특별 할인 제공, 고객 구매 내역 및 선호도를 분석하여 개인 맞춤형 가격 제시
- **추가 제품 및 서비스 판매:** 캐시미어 악세사리, 세탁 서비스 등 추가 제품 및 서비스 판매

AARRR 지표를 활용하여 고객 유치부터 수익 창출까지 전반적인 마케팅 전략을 수립하고 실행한다면, 캐시미어 클라우드는 지속적인 성장과 발전을 이룰 수 있을 것입니다.

추가적으로 고려해야 할 사항

- **데이터 분석 활용:** 웹사이트 분석, 고객 데이터 분석 등을 통해 마케팅 전략의 효과를 측정하고 개선
- **시장 트렌드 파악:** 온라인 시장 트렌드, 경쟁사 동향 등을 지속적으로 파악하고 마케팅 전략을 조정
- **전문가 활용:** 필요에 따라 마케팅 전문가, 데이터 분석 전문가 등을 활용

궁금한 점이 있으면 언제든지 질문해주세요.

[그림21] AARRR모델을 통한 마케팅 전략 수립 프롬프트 2

이외에도 다양한 마케팅·프로모션 계획을 AI를 활용해 수립할 수 있다.

12월 크리스마스 프로모션으로 인플루언서 협업 마케팅 비용을 500만원 책정했습니다. 효율적인 프로모션 계획을 수립해주세요

YouTube

패션튜브삭형
- Fee: 50만원
- Products: 50만원 상당의 캐시미어 제품
- Content: 캐시미어 제품 리뷰 영상 제작

옆집언니 최실장 stylist unnie
- Fee: 100만원
- Products: 100만원 상당의 캐시미어 제품
- Content: 캐시미어 제품 스타일링 영상 제작

[그림22] 인플루언서 협업 프로모션 수립 프롬프트

보성 마케팅 비용을 총 1,000만원으로 책정했습니다. 온라인 마켓과 인스타그램 중심으로 약 한달 동안 진행할 마케팅 계획을 수립해주세요

캐시미어 클라우드 마케팅 계획 (1천만원, 온라인 마켓 및 인스타그램 중심, 1개월)

1. 목표

- 브랜드 인지도 향상 및 브랜드 이미지 구축
- 웹사이트 방문 트래픽 증가 및 온라인 매출 증대
- 고객 만족도 및 충성도 향상

2. 타겟 고객층

- 30대 여성, 40대 남성
- 온라인 쇼핑 선호
- 고급 캐시미어 제품 선호

3. 마케팅 채널

- **온라인 마켓:** 쿠팡, G마켓, 네이버 쇼핑 등
- **인스타그램:** 브랜드 계정 운영, 인플루언서 마케팅 활용

4. 마케팅 예산

- 총 예산: 1천만원
- **온라인 마켓:** 600만원 (광고, 프로모션 등)
- **인스타그램:** 400만원 (콘텐츠 제작, 인플루언서 마케팅 등)

5. 마케팅 활동

5.1. 온라인 마켓

- **광고:** 검색 광고, 디스플레이 광고, 타겟팅 광고 등 활용
- **프로모션:** 신제품 출시 할인, 쿠폰 발급, 포인트 적립 등 진행
- **협업:** 인기 브랜드 또는 인플루언서와 협업하여 프로모션 진행

5.2. 인스타그램

- **브랜드 계정 운영:** 고품질 이미지 및 영상 제작, 제품 정보 및 스타일링 팁 제공, 댓글 및 DM에 신속하게 응대
- **인플루언서 마케팅:** 타겟 고객층에게 영향력 있는 인플루언서들과 협업하여 제품 홍보 및 리뷰 진행
- **콘텐츠 마케팅:** 제품 소개, 스타일링 팁, 캐시미어 관련 정보 등을 담은 콘텐츠 제작 및 게시

6. 마케팅 일정

- **1주차:**
  - 온라인 마켓 광고 및 프로모션 준비
  - 인스타그램 브랜드 계정 프로필 개선 및 콘텐츠 제작
  - 인플루언서 마케팅 파트너 선정 및 협의
- **2주차:**
  - 온라인 마켓 광고 및 프로모션 진행
  - 인스타그램 콘텐츠 게시 및 홍보
  - 인플루언서 마케팅 진행
- **3주차:**
  - 온라인 마케팅 성과 분석 및 조정
  - 인스타그램 영상 제작 및 게시
  - 인플루언서 마케팅 리뷰 게시
- **4주차:**
  - 마지막 프로모션 진행 및 판매 마감
  - 마케팅 성과 최종 분석 및 보고서 작성

7. 예상 효과

- 브랜드 인지도 향상 및 브랜드 이미지 구축
- 웹사이트 방문 트래픽 증가 (약 20%)
- 온라인 매출 증대 (약 15%)
- 고객 만족도 및 충성도 향상 (고객 리뷰 평균 점수 상승)

[그림23] 예산안 기반 마케팅 전략 수립 프롬프트

AI는 브랜드와 잘 맞는 인플루언서를 식별하고 그들과의 협업을 위한 예상 비용을 계산하는 데 사용될 수 있다. AI는 빅 데이터를 분석해 인플루언서의 영향력, 타깃 오디언스와의 일치도, 이전 캠페인의 성공률 등을 고려한다. 또한 AI는 제한된 마케팅 예산을 갖고 최대의 효과를 낼 수 있는 상세한 마케팅계획을 설계할 수 있다. 이를 위해 AI는 과거 데이터와 현재 시장 동향을 분석해 예산을 어디에, 어떻게 배분하는 것이 가장 효과적인지를 결정한다.

예를 들어, AI는 특정 기간 소셜 미디어 광고, 이메일 마케팅, 인플루언서 캠페인 등 다양한 채널에 예산을 할당하고 각 활동의 예상 ROI를 계산해 제시한다.

AI 기반의 그로스 해킹 전략은 브랜드의 성장을 가속하고 마케팅 투자에서 최대의 수익을 창출하는 데 크게 이바지한다. 이러한 접근 방식은 데이터에 기반한 결정을 가능하게 하며 신속하고 효과적인 마케팅 조정을 통해 시장의 동향을 능동적으로 대응할 수 있도록 지원한다.

Epilogue

지금 우리가 사는 시대는 끊임없는 혁신과 기술적 발전이 주도한다. 특히 인공지능(AI)은 이 변화의 중심에서 비즈니스 환경을 형성하고 변형한다. 오늘날 AI는 단순히 기술적 도구를 넘어서 기업의 브랜드 전략과 마케팅 접근 방식에 획기적인 변화를 가져올 수 있다. 이 변화를 이해하고 발생하는 기회와 도전을 활용하는 방법을 기업들은 빠르게 파악해야 한다.

생성형 AI의 능력은 상상력의 한계를 초월한다. 이 기술은 고객 데이터를 분석하고 이해하는 것을 넘어 실질적이고 창의적인 아이디어를 생성해 제품 개발, 콘텐츠 마케팅, 고객 서비스 등 여러 방면에서 혁신을 주도한다. 이것은 단순히 브랜드를 형성하고 메시지를 전달하는 새로운 방식만이 아니라, 고객과 깊은 연결을 구축하고 그들의 요구에 더욱 세심하게 반응할 수 있는 능력을 의미한다.

AI는 브랜드가 고객의 변화하는 기대에 어떻게 더 빠르고 정확하게 대응할 수 있는지를 예측할 수 있다. 브랜드는 AI를 활용해 개별 고객의 선호와 행동을 파악하고 이에 맞춤화된 제품과 서비스를 제공함으로써 고객 충성도를 높이고 시장에서의 경쟁력을 강화할 수 있다. 또한 AI는 브랜드가 시장 동향을 예측하고 신제품을 개발하는 과정에서 발생할 수 있는 리스크를 최소화하는 데에도 중요한 역할을 할 것이다.

하지만 AI 기술의 이점을 최대한 활용하기 위해서는 몇 가지 중요한 고려 사항이 있다. 첫째, 기업은 AI를 통해 수집되는 대량의 데이터를 책임감 있게 관리해야 한다. 고객의 개인정보 보호는 브랜드 신뢰를 유지하고 강화하는 데 있어 필수적인 요소이다. 둘째, AI 도입은 기업의 내부 구조와 조직 문화에 큰 변화를 요구한다. 기술이 전통적인 의사결정 과정을 더 나은 방향으로 변화시키고 직원들이 기술을 효과적으로 활용할 수 있도록 적절한 교육과 지원을 제공하는 것이 중요하다.

이 책을 통해 AI 기술을 자신의 비즈니스에 통합해 혁신을 주도하고 지속 가능한 경쟁력을 갖출 방법을 배울 수 있다. AI와 함께하는 브랜딩과 마케팅으로 모두 풍요롭고 즐거운 삶을 경험할 수 있기를 바란다.

3

마케팅의 새로운 혁명, 생성형 AI가 여는 무한한 가능성

김은희

제3장
마케팅의 새로운 혁명, 생성형 AI가 여는 무한한 가능성

Prologue

우리가 살고 있는 이 시대는 눈부신 기술의 진보가 일상의 모든 영역을 변화시키고 있다. 그 중심에 있는 것이 바로 인공지능(AI)이다. 인공지능은 이제 우리의 일상과 밀접하게 연결돼, 삶의 질을 향상시키고 일과 창의성에 혁신을 가져오고 있다.

생성형 AI는 광고와 마케팅 분야에도 많은 혁신을 가져오고 있는 가운데 2024년에는 더욱 고도화된 활용이 예상되며, 이에 따라 관련 업계는 다양한 대응 방안을 마련하고 있다. AI를 활용한 마케팅, 광고 사례를 살펴보고 인공지능의 다양한 콘텐츠 활용법을 소개한다.

이 책은 AI를 처음 접하는 분들부터, 이미 일상에서 AI를 활용하고 있으나 더 깊이 있게 이해하고 싶은 분들, 그리고 AI를 전문적으로 활용해 자신의 업무나 창작 활동에 혁신을 꾀하고자 하는 분들까지 모든 독자를 위한 가이드가 될 것이다.

여러분의 일상을 변화시킬 수 있는 지식과 영감을 제공하며 인공지능이라는 무기를 통해 삶을 더욱 풍요롭고 창의적으로 만들어 갈 수 있기를 바라며 이 책을 통해 일상 속에서 AI의 다양한 활용법을 발견하고 삶의 질을 높일 수 있기를 기대한다.

1. 생성형 AI 시대의 개막

1) 2023년, 'AI 대중화' 시대 개막

챗GPT가 대중에게 공개된 2022년 11월 이후로 생성형 AI에 대한 인식이 크게 변화했다. 이전에는 혁신적이지만 접근하기 어려웠던 기술이었던 AI가 이제는 누구나 쉽게 접근하고 활용할 수 있는 대중 서비스가 됐다. 이 변화는 구글 트렌드의 데이터를 통해서도 확인할 수 있다. '생성형 AI' 키워드에 대한 관심도는 2022년 11월에 '0'이었으나, 2023년 11월에는 최대 수치인 '100'을 기록했다.

2) 우리의 삶을 변화시킨 '생성형 AI'

생성형 AI의 등장으로 우리의 일상은 크게 변화했다. 이전에 며칠이 걸리던 작업이 이제 몇 개의 키워드 입력으로 짧은 시간 내에 완성되기 때문이다. 이 기술은 텍스트, 이미지, 음악, 영상 생성 등 다양한 분야에 활용된다. 일부에서는 인간의 창의성을 침해할 수 있다는 우려의 목소리도 있지만, 시간과 비용을 절약해 주는 혁신적인 기술로서의 가치에 대해서는 모두가 동의하는 분위기다.

3) 더욱 강력한 변화가 예상되는 2024년

2024년에는 생성형 AI로 인한 사회 변화가 더욱 강력해질 것으로 예상된다. 비즈니스, 마케팅, 광고 제작 및 고객 관리에 이르기까지 AI 서비스를 적극적으로 도입하고 있기 때문이다. 이번 책에서는 이러한 변화 속에서 소비자들의 이용 행태와 인식을 조사해 현재의 현황을 파악하고 미래 전략 수립에 도움이 되는 데이터를 제공하고자 한다.

2. 챗GPT로 시작된 AI 헤게모니 전쟁, 국내·외 생성형 AI 서비스 현황

챗GPT의 등장으로 생성형 AI의 대중화가 가속됐으며, 글로벌 테크 기업들도 시장 주도권을 잡기 위해 적극적으로 이 기술을 출시하고 있다. 이 AI는 이용자의 질문에 자연스러운 대화체로 응답하며 텍스트 번역, 요약, 프로그래밍 코드 작성, 콘텐츠 생성, 계획 일정표 작성 등 다양한 역할을 수행한다. 또한 자체 검색 엔진을 보유한 개발사들은 자사의 서비스와 실시간 정보를 연동해 답변의 정확도를 높이고, 중국어와 한국어 등 자국어 서비스를 강화해 차별화를 꾀하고 있다.

주요 생성형AI 서비스 비교

	Chat GPT	New Bing	Bard	Ernie Bot	Clova X
개발사	Open AI	Microsoft	Google	Baidu	Naver
출시일	2022.11.30	2023.02.27	2023.03.21	2023.03.16	2023.08.24
웹 방문자 수(22.11~23.10)	14.8억	14.7억	1.2억	0.4억	68만
특징	축적된 정보를 활용하여 창조적인 답변 가능, 자연스럽고 일관성 있는 대화문 생성	Bing 검색 엔진 연동으로 실시간 정보 제공, 다양한 언어로 음성 질문 가능	구글 앱 서비스(지도·항공·호텔·지메일 등) 기반의 정보와 실시간으로 연동해 답변 제공	문학 창작, 비즈니스 글쓰기, 수학 계산, 중국어 및 다중 언어 이해 등	Chat GPT 대비 한국어 학습 데이터량 6500배, 한국어와 한국적인 답안에 능통
향후 전망	GPT 5.0을 개발 중, 거짓 답변을 내놓는 환각 문제의 개선을 우선 과제로 채택	텍스트 입력 제한 4,000자를 8,000자로 두 배 늘려 질문 수와 입력 수 증대 예정	개인화된 디지털 비서인 Assistant with Bard를 AOS/iOS 장치에 구축 예정	Baidu의 새로운 검색·지도 등 10여 가지 AI 앱에 어니봇 4.0을 탑재할 예정	네이버 쇼핑·여행과의 연계 강화 및 외부 서비스를 호출할 수 있는 시스템 확장 계획
가격	GPT 3.5(무료), GPT 4.0(월 ₩29,000)	무료	무료	무료	무료

[그림1] 생성형 AI 주요 서비스 소개(출처 : mezzo media)

3. 생성형 AI로 더욱 개인화되는 광고 마케팅

개인화에 대한 소비자의 니즈가 높아짐에 따라 광고·마케팅 분야에서 생성형 AI의 활용이 더욱 증가할 것으로 전망된다. 생성형 AI를 활용하면 맞춤형 소재부터 실시간 챗봇까지, 소비자에게 개인화된 서비스를 제공할 수 있다. 이는 창작과 운영 비용 및 시간을 절감하며 최소한의 자원으로 캠페인의 효율을 극대화할 수 있을 것으로 기대된다.

4. 생성형 AI 글로벌 광고 시장 규모

현재 생성형 AI 광고 시장 규모는 미미하지만, 향후 10년간 매년 125%의 높은 성장세를 보일 것으로 예측된다. 2022년 0.6억 달러 수준에서 2032년에는 1,925억 달러 규모까지 성장할 것으로 전망되며 이는 한화로 약 250조 원에 해당하는 큰 규모이다.

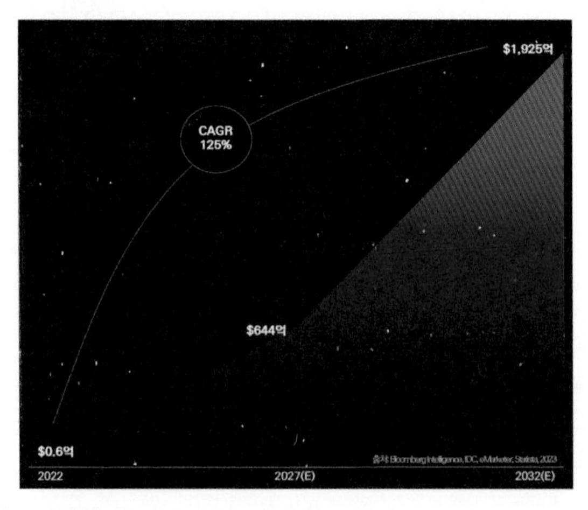

[그림2] AI 광고시장(출처 : BloombergIntelligence, IDC, eMarketer, Statista, 2023)

5. 생성형 AI를 활용해 제작된 광고 마케팅 사례(국내 브랜드)

커머셜 및 콘텐츠 영상 제작, 디지털 캠페인 실행에 생성형 AI를 활발하게 활용하고 있다. 이는 최신 기술을 통해 혁신적인 브랜드 이미지를 구축하고 소비자의 관심을 끌기에 효과적이기 때문이다.

예를 들어, 삼성생명은 광고 영상에 필요한 모든 소스를 AI로 제작했고, GS25는 챗GPT를 활용해 쇼츠 콘텐츠 콘티를 구성했다. 또한 현대자동차는 사용자 선택에 따라 이미지가 맞춤형으로 제공되는 마이크로사이트를 통해 고객과의 인터랙션을 강화했다. LG유플러스는 자체 개발한 AI '익시(ixi)'를 기반으로 한 '유쓰(Uth) 청년요금제' 광고를 제작해 디지털 부문에서 '좋은 광고상'을 수상했다. 이러한 사례들은 AI가 광고 및 마케팅 분야에서 창의적이고 혁신적인 방식으로 활용되고 있음을 보여준다.

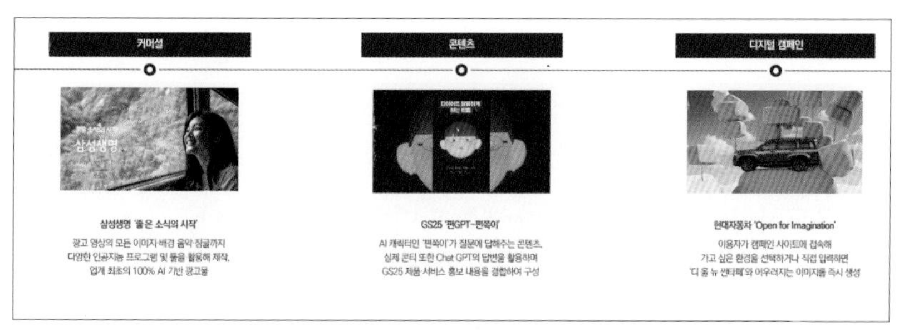

[그림3] 생성형 AI를 활용해 제작된 광고 사례(출처 : mezzo media)

6. 생성형 AI를 활용해 제작된 광고 마케팅 사례(해외브랜드)

1) Nike의 맞춤형 광고 캠페인

• 사례 설명 : Nike는 생성형 AI를 활용해 소비자의 개인적인 운동 데이터와 선호도를 기반으로 맞춤형 광고를 제작했다. 이는 사용자의 운동 패턴, 관심 있는 스포츠 종목, 최근 구매 내역 등을 분석해 개인에게 맞춤화된 제품 추천과 동기 부여 메시지를 제공하는 방식으로 진행됐다.

• 효과 : 사용자 경험의 개인화를 통해 고객의 만족도와 브랜드 충성도를 높였으며, 광고의 전환율을 상당히 향상시켰다.

2) L'Oréal의 AI 기반 뷰티 콘텐츠

• 사례 설명: L'Oréal은 AI를 활용해 소비자에게 개인화된 뷰티팁과 메이크업 튜토리얼을 제공하는 광고 캠페인을 실행했다. 이를 위해 사용자의 피부 타입, 색조 선호, 메이크업 스타일 등을 AI가 분석하고, 이에 맞는 맞춤형 콘텐츠를 생성해 제공한다.

• 효과 : AI를 통한 개인화된 콘텐츠 제공으로 소비자의 관심과 참여를 유도하며, 브랜드 인지도와 제품 판매량을 증가시켰다.

3) Coca-Cola의 AI 기반 광고 디자인

• 사례 설명 : Coca-Cola는 생성형 AI를 활용해 다양한 광고 캠페인의 비주얼과 카피를 디자인했다. AI는 브랜드의 역사적 데이터와 현대의 소비자 트렌드를 분석해 창의적이고 독특한 광고 비주얼을 생성하며, 매력적인 광고 문안을 제안했다.

- 효과 : AI의 창의적인 입력을 통해 브랜드 메시지를 새롭고 효과적인 방법으로 전달하며, 소비자의 주목을 끌었다.

4) Spotify의 맞춤형 음악 추천 광고

- 사례 설명 : Spotify는 AI를 활용해 사용자의 음악 청취 이력과 선호도를 분석, 개인화된 플레이리스트를 추천하는 광고를 제작했다. 이는 사용자에게 새로운 아티스트나 노래를 발견할 기회를 제공하며, 동시에 Spotify 플랫폼 내에서의 사용자 경험을 풍부하게 한다.
- 효과: 맞춤형 콘텐츠 제공으로 사용자의 만족도를 높이고, 플랫폼의 사용 시간과 사용자 참여도를 증가시켰다.

7. 숏폼 콘텐츠의 시대, '브루(Vrew)'로 유튜브 쇼츠 영상 제작하기

2024년은 유튜브 쇼츠, 릴스, 틱톡 등 숏폼 콘텐츠가 대세이다. 숏폼 콘텐츠를 만드는 두 가지 방법이 있는데 첫 번째는 촬영한 영상을 사용해 직접 제작하는 것이고, 두 번째는 기존 유튜브 영상을 숏폼 형태로 변환하는 것이다. 기존 유튜브 채널을 운영하고 있는 경우 새로운 콘텐츠를 기획하지 않아도 빠르게 숏폼 영상을 제작할 수 있다.

숏폼 영상 제작에 유용한 프로그램 중 하나인 '브루(Vrew)'는 사용이 간편하고 최근 유료 전환됐으나 여전히 일부 기능을 무료로 사용할 수 있다. 유튜브 영상을 숏폼으로 만드는 방법을 직접 보여주며 자세히 소개할 것이다.

1) 브루(Vrew)란?

'브루(Vrew)'는 인공지능 기반의 영상편집 플랫폼으로 주어진 주제에 맞는 글과 영상, AI 성우 기능을 활용해 사용자가 원하는 영상을 자동으로 생성한다. 사용자는 AI 성우의 목소리를 선택해 개성 있는 영상을 만들 수 있으며, 불만족스러운 결과는 재생성하거나 수정이 가능하다. Vrew는 사용법이 간단해 누구나 쉽게 영상을 제작할 수 있으며, 홍보영상부터 유튜브, 쇼츠 영상 제작에 이르기까지 다양한 용도로 활용될 수 있다.

2) Vrew 설치하고 들어가는 방법

네이버와 구글로 들어갈 수 있다.

(1) 네이버로 들어가기

네이버 검색창에 Vrew를 입력한다.

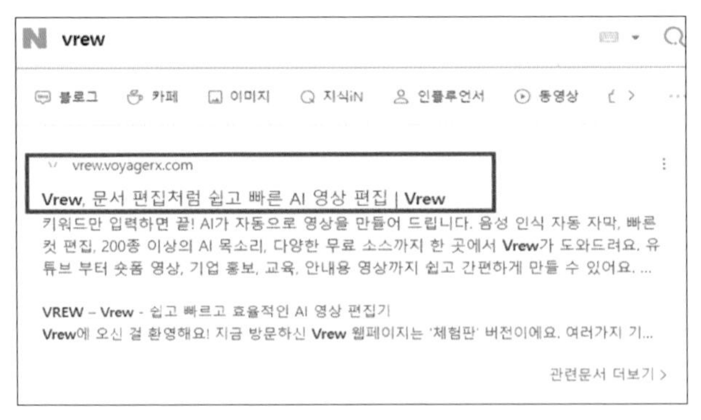

[그림4] 네이버에서 Vrew 검색하기

(2) 구글로 들어가기

구글에서 검색창에 Vrew를 입력한다.

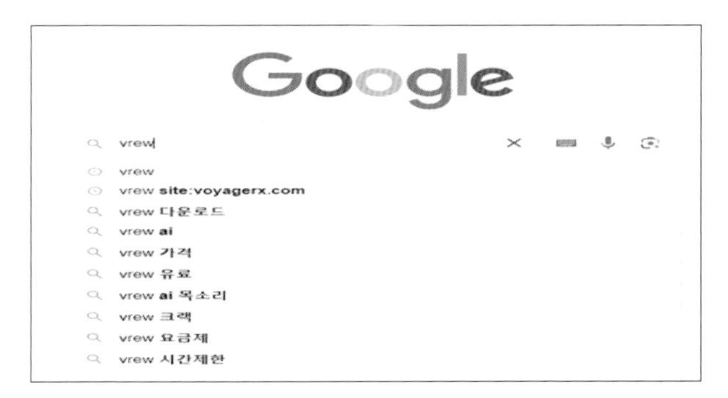

[그림5] 구글에서 Vrew 검색하기

구글 검색창에 Vrew를 입력하고 엔터를 치면 다음과 같은 화면이 나온다.

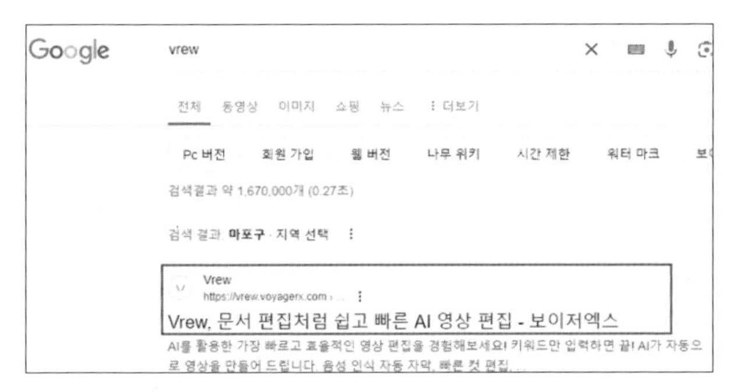

[그림6] 구글에서 Vrew 들어가기

[그림6]의 빨간 표시 부분을 클릭하면 [그림7]과 같은 화면이 나오고 다운로드를 클릭한다.

[그림7] 무료 다운로드 클릭

Vrew 다운로드가 완료되면 실행 파일 창이 뜬다. 실행 파일을 클릭하면 Vrew가 설치된다. 그리고 설치가 완료되면 Vrew 아이콘이 바탕화면에 생긴다.

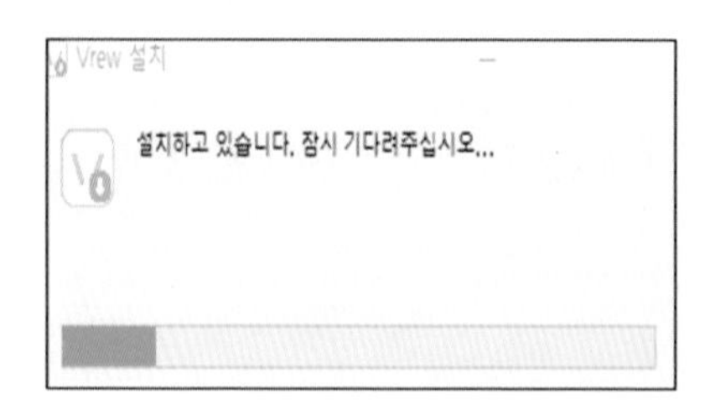

[그림8] Vrew 설치하기

바탕화면에 Vrew 아이콘이 생기면 이것을 클릭하고 메인화면으로 들어간다.

3) 회원 가입하기

회원가입을 안 하고 '체험하기'로 체험관을 이용하는 방법이 있다. 그러면 '내보내기' 기능을 사용할 수 없으므로 내가 만든 영상을 저장할 수 없다. 반면에 회원가입을 하면 '내보내기' 기능을 사용할 수 있어서 나의 작품을 저장해 사용할 수 있다. 우리는 회원가입을 해내 사용해 보도록 하겠다.

[그림9]에서 로그인을 클릭하면 팝업이 뜨는데 이때 하단의 '회원가입'을 클릭한다.

[그림9] 회원가입 하기

가입하기 클릭 후 이름, 이메일, 비밀번호를 입력한다. 입력한 후에 '다음으로'를 클릭한다.

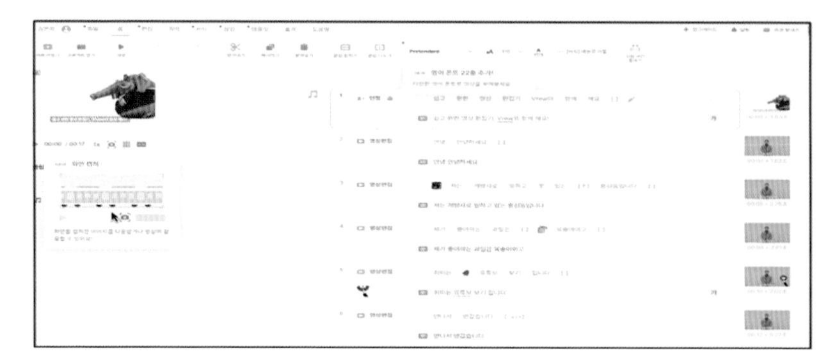

[그림10] 가입 완료된 Vrew 메인화면

4) Vrew 각 기능 보기

Vrew는 한국에서 개발된 비디오 편집 소프트웨어로, 특히 사용자의 음성을 자동으로 텍스트로 변환하는 기능을 제공해 비디오 자막을 쉽게 추가할 수 있다. 이 소프트웨어는 인공지능 기술을 사용해 음성 인식을 수행하며, 다양한 언어를 지원해 광범위한 사용자가 접근할 수 있다. Vrew는 특히 유튜브 콘텐츠 제작자나 팟캐스트 제작자에게 유용하며, 사용하기 쉬운 인터페이스와 효율적인 편집 도구를 제공한다.

사용자는 비디오를 불러온 후, 자동으로 생성된 텍스트를 편집하고, 타이밍을 조정해 자막을 최적화할 수 있다. 또한 Vrew는 비디오 내의 특정 부분을 쉽게 찾을 수 있도록 텍스트 기반 검색 기능을 제공한다. 이러한 기능은 비디오 편집 과정을 더욱 빠르고 효율적으로 만들어 준다. 쉽고 편한 영상 편집기인 Vrew의 기능을 알아보자.

[그림11] Vrew 각 기능 보기

5) 챗GPT를 활용해 영상 원고 도출

Vrew를 사용해서 '공부에 관련된 간단한 명언'을 주제로 쇼츠 영상을 만들어 본다. 최근 유행하는 '챗GPT'에게 공부에 관련된 명언을 물어보았다.

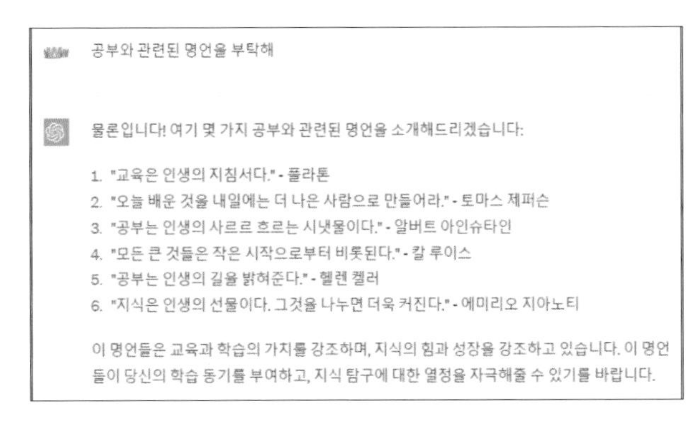

[그림12] 챗GPT로 영상 대본 작성하기

6) 텍스트로 비디오 만들기

홈 or 파일 〉 새로 만들기 〉 원하는 유형을 선택 〉 텍스트로 비디오 만들기 클릭한다.

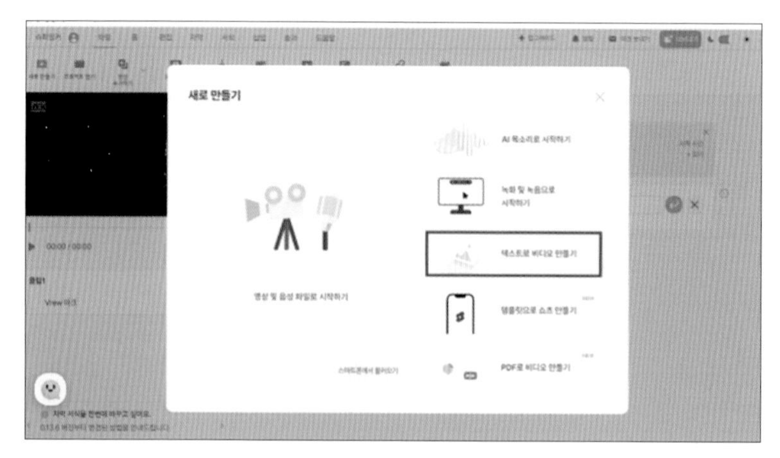

[그림13] 영상 대본 입력하기

7) 대본 작성하기

챗GPT로 뽑아놓은 내용의 영상 대본을 입력하고 어떤 유형인지 결정한 다음, 하단에 화면 비율을 선택 후 클릭 한 번이면 AI가 대본을 작성해 준다.

[그림14] 영상 대본 입력하기

8) 성우 선택하기

대본이 완료되면 '다음' 버튼을 눌러서 성우를 선택하면 원고를 자연스럽게 읽어준다.

[그림15] 대본 읽어줄 성우를 선택하기

9) 영상 추출

자동으로 대본에 어울리는 영상과 자막, 음성어 모드가 생성된다.

[그림16] 대본에 어울리는 영상 추출

10) 영상 편집하기

생성된 이미지가 마음에 들지 않으면 사진을 클릭해서 교체할 수도 있고, 자막도 선택하면 수정할 수 있다. 음성은 위에서 골랐던 성우가 읽어주는 데 어색한 부분이 없는지 미리 듣기를 통해 편집하면 된다. 완성된 영상은 내보내기 버튼만 눌러 주고 영상 파일 클릭하고 내보내기하면 유튜브 쇼츠 영상이 완성된다.

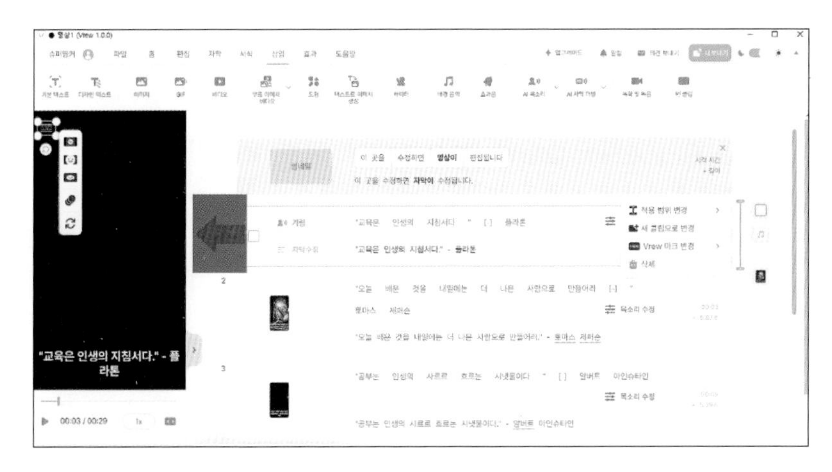

[그림17] 영상편집

이렇게 완성된 영상은 인스타그램 '릴스'도 똑같이 만들 수 있는데, 인스타그램 릴스 같은 경우 고정 댓글이라는 게 따로 없기에 릴스를 만들 때는 마지막 문구만 좀 바꿔 주면 된다.

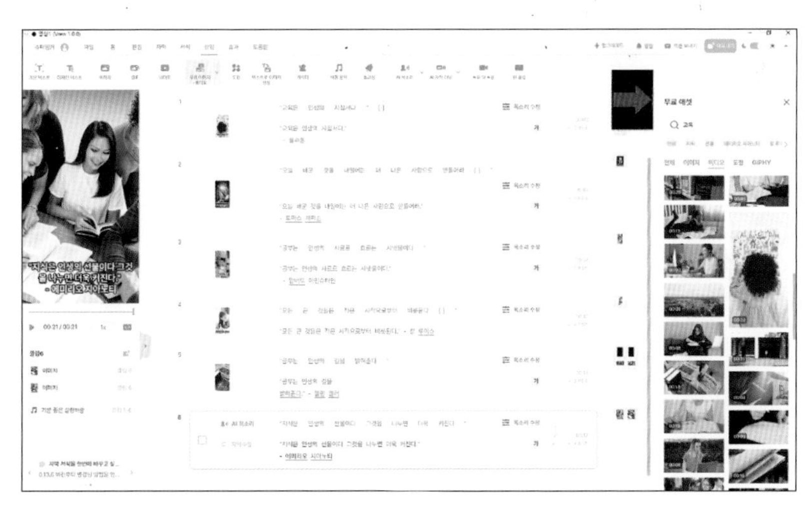

[그림18] 영상편집 및 완성

8. 나도 웹툰 작가, AI로 작가 데뷔하기, 코믹 AI

그림 실력이 없어도 만화를 그릴 수 있다. 코믹 AI는 만화를 전혀 그려 본 적 없는 사람도 만화를 그릴 수 있도록 도와주는 AI다.

※ 코믹 AI 특징

- 스토리를 만들어 준다.
- 무료로 4,000장 이미지를 만들 수 있다.

1) 회원 가입하기

comicai.ai에 접속하고 회원가입을 한다.

[그림19] 사이트 접속 회원가입

2) 작성하기

'작성시작'을 클릭해 만화 그리기를 시작한다.

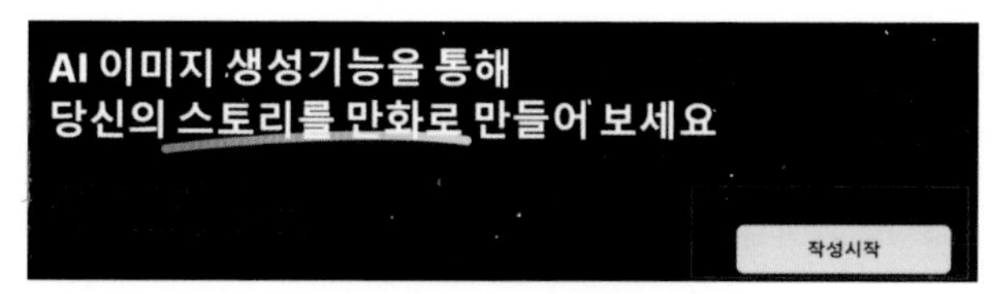

[그림20] 스토리 작성하기

3) 기본 내용입력

① 만화 제목 : 제목을 입력한다.

② 제작자 : 이름을 입력한다.

③ 그림 스타일을 선택한다. (애니, 판타지, 로맨스, 액션 등)

④ 다음으로 넘어간다.

[그림21] 내용 입력하기

4) 스토리 작성

AI로 스토리를 작성한다. 직접 작성하는 콘텐츠 추가 기능도 있다.

① AI 생성 ② 주제 입력 ③ 생성하기 ④ 다음

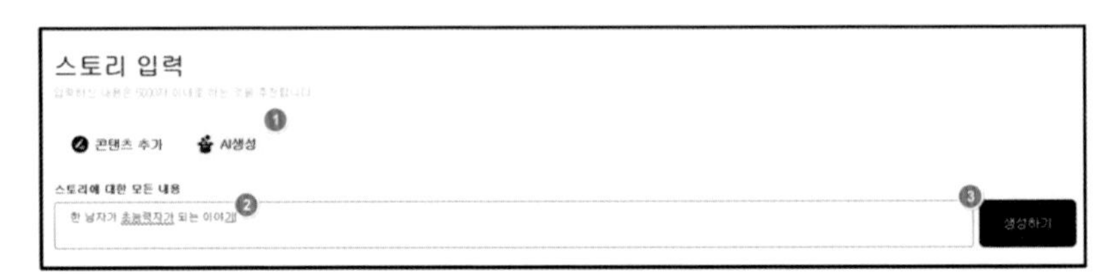

[그림22] 스토리 작성하기

5) 캐릭터 만들기

캐릭터를 직접 만든다.

① 캐릭터 선택 혹인 뉴 캐릭터를 선택한다. ② 만든 캐릭터를 볼 수 있다. ③ 이름을 정한다. ④ 외형 묘사를 하고 다시 생성하면 새로운 캐릭터가 생성된다.

[그림23] 캐릭터 만들기1

같은 외형 묘사에 갈색 머리를 빨강 머리로, 파란색 티셔츠를 노란색 티셔츠로 변경하면 [그림24]와 같은 이미지를 만든다.

[그림24] 캐릭터 만들기2

뉴 캐릭터로 새로운 캐릭터도 만들 수 있다.

[그림25] 캐릭터 만들기

6) 패널(장면) 생성

패널(장면)을 만든다. 기본적으로 스토리에 어울리는 장면을 자동으로 생성해 준다. 기본 제공된 장면을 변경하면서 장면을 수정한다.

① 장면 선택 ② 캐릭터 선택(누가 나오는 장면인지) ③ 장면 이미지 묘사(놀람, 앉아있는, 배경) ④ 다시 생성: 새롭게 장면이 만들어진다.

[그림26] 패널 생성하기

장면설명 : 두 캐릭터가 마주 보고 싸운다.

패널(장면)이 완성되면 다음으로 넘어간다.

[그림27] 패널 생성하기

7) 장면 연결하기

① 장면을 선택한다. ② 캔버스로 이동한다. ③ 프레임, 텍스트, 아이콘을 추가한다

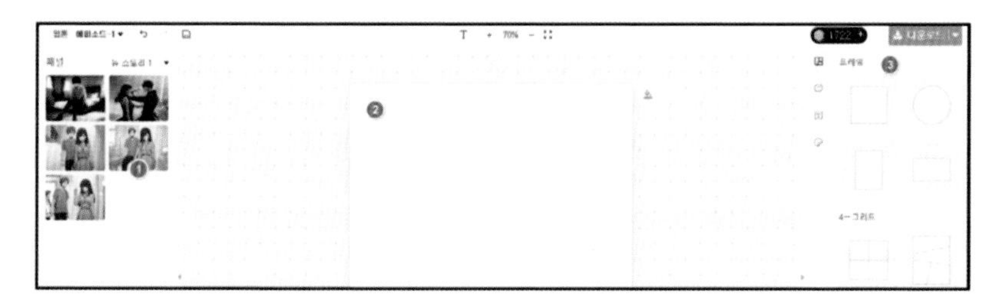

[그림28] 장면 연결하기

8) 프레임 추가하기

인터페이스의 오른쪽은 일부 만화 조판 관련 기본 레이아웃 기능이다. 적합한 장면을 얻기 위해 화면을 조정하기 위해 재단 방법을 사용한다. 템플릿 모음에 있는 사진을 더블 클릭하여 확대하여 신체 부위의 세부 사항을 클로즈업한다.

[그림29] 프레임 추가하기

9) 말풍선 및 자막 추가하기

① 몇 가지 기본 템플릿으로 드래그 앤 드롭을 통해 템플릿을 캔버스에 넣은 다음 원하는 그림을 템플릿의 위치로 드래그해 빠른 레이아웃을 완성할 수 있다.

② 두 번째 아이콘은 대화 거품이다. 마찬가지로 끌어당기는 방식으로 말 속에 기포를 넣을 수도 있다.

③ 버블을 더블 클릭하면 텍스트 내용을 추가할 수 있다. 거품 모양 조정, 반전 및 색상 변경과 같은 작업도 수행할 수 있다.

[그림30] 말풍선 및 자막 추가하기

10) 스티커 추가하기

아이콘은 스티커 소재이다. 여기에서 만화에 재미있는 정서 요소를 추가할 수 있다.

[그림31] 스티커 추가하기

11) 다운로드

패널을 프레임쪽으로 가져온 뒤, 말풍선과 자막을 위치시키고 에피소드를 완성한다. 이렇게 에피소드 1부터 5까지 만들었다면 각각의 에피소드를 전부 다운로드하면 된다. 그러면 나만의 웹툰이 완성된다.

> 이미지 생성과 동영상 생성은 한 장면만 만드는 것에 비해 코믹 AI는 만화 스토리 전반적으로 만들어야 한다. 그래서 아직은 장면을 만들거나 스토리와 똑같은 배경을 만들기에는 아쉬운 부분이 있다. 이 프로그램은 아이디어 구상이나 초보자용으로 추천한다.

9. 자동으로 PPT를 만들어 주는 '감마 앱(Gamma)'

'감마(Gamma)'는 혁신적인 AI 기반 서비스로 사용자가 주제만 입력하면 자동으로 파워포인트 프레젠테이션을 생성해 주는 플랫폼이다. 이 서비스는 시간이 부족하거나 디자인에 자신이 없는 사용자들에게 매우 유용하며, 복잡한 프레젠테이션 제작 과정을 간소화해 누구나 쉽게 전문적인 수준의 프레젠테이션을 만들 수 있도록 돕는다.

감마를 사용함으로써 사용자는 자신의 아이디어를 효과적으로 전달할 수 있는 매력적이고 설득력 있는 슬라이드를 빠르게 제작할 수 있다. 이 서비스는 최신 AI 기술을 활용해 사용자의 요구 사항을 분석하고, 관련 이미지, 텍스트, 그리고 레이아웃을 자동으로 조합해 최적화된 프레젠테이션을 제공한다.

※ GAMMA 특징

- 텍스트 입력하면 PPT로 제작
- 무료 400 크래딧 제공(1회에 40 크래딧 차감)
- 한국어 입력 가능

1) 접속 및 회원가입

gamma.app 웹사이트로 접속하고 회원가입한다.

[그림32] 회원가입하기

2) 새로 만들기

새로 만들기를 누른다.

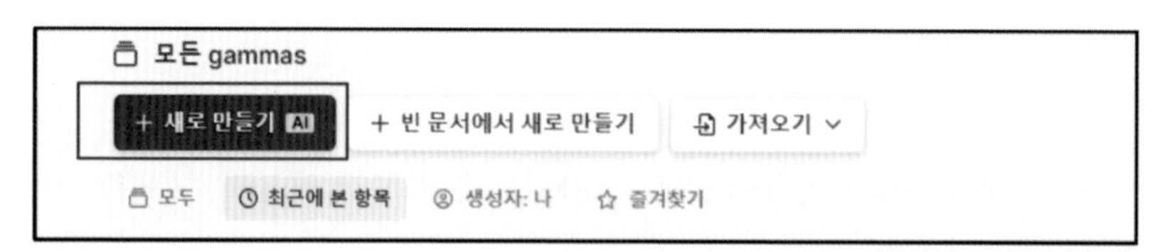

[그림33] 새로 만들기

3) 생성하기

생성을 클릭한다.

[그림34] 생성하기

4) 주제 및 개요 생성하기

주제 입력창에 주제를 입력하고 개요 생성을 누른다.

[그림35] 주제 및 개요 생성

주제는 한국어로 입력하고 프레젠테이션, 문서, 웹페이지를 만들 수 있다. 우리는 프레젠테이션을 선택한다.

5) 목차 확인하기

목차를 확인하고 계속을 클릭한다. 목차는 수정 가능하다. 불필요한 부분은 삭제하고, 더 추가할 내용은 직접 추가한다. 내가 원하는 목차가 나오지 않을 경우, 처음부터 다시 시작한다. AI는 반복 작업을 하도록 해 가장 최상의 작업물이 나오도록 계속한다.

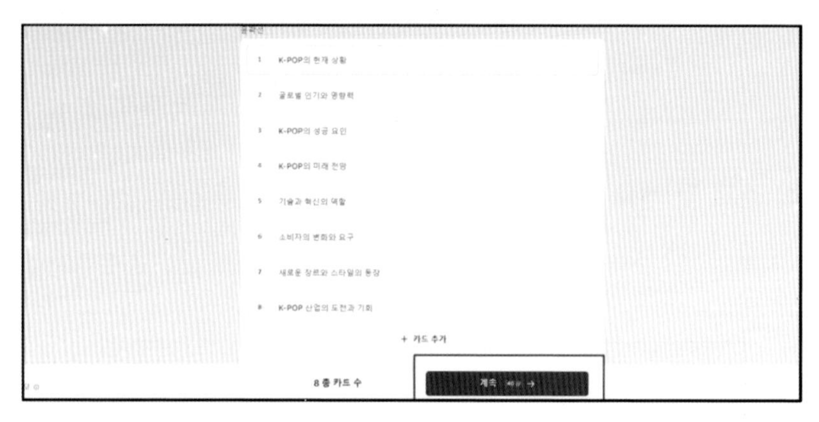

[그림36] 목차 확인하기

6) 디자인 선택

① 디자인을 선택한다. ② 생성을 클릭하고 일정 시간을 기다리면 PPT가 만들어진다.

[그림37] 디자인 선택하기

7) 완성된 파일 PPT 파일로 저장하기

① 공유하기 ② 내보내기 ③ Power Point로 내보내기 ④ 완료

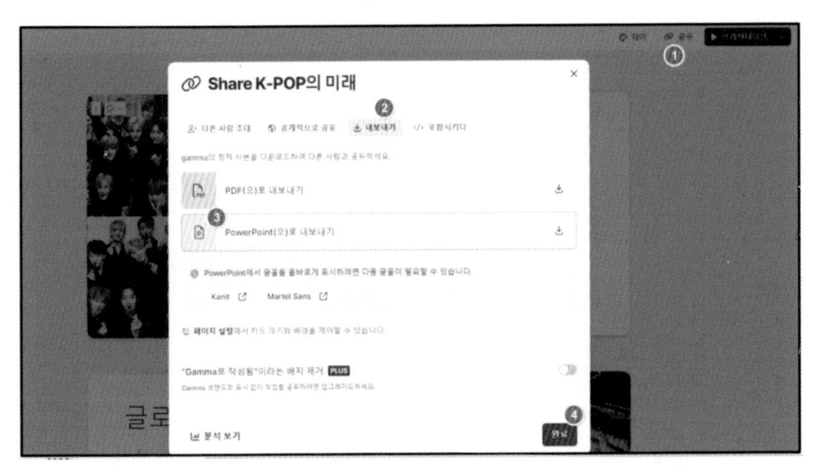

[그림38] PPT로 저장하기

10. 이미지 편집도 내 마음대로, 캔바(Canva)

'캔바(Canva)'는 사용자가 전문가 수준의 디자인을 손쉽게 만들 수 있도록 도와주는 온라인 그래픽 디자인 툴이다.

※ Canva 특징

-템플릿으로 디자인, 영상을 제작한다.

-무료·유료 버전이 있다.

-이미지 배경 삭제, 이미지 생성, 이미지 확장에 AI 기능을 활용한다.

1) 회원가입 하기

캔바 사이트 www.canva.com에 접속하고 회원가입 한다. Canva는 문서, 프레젠테이션, 소셜 미디어 콘텐츠, 동영상, 웹사이트 등을 만드는 콘텐츠 제작 도구이다.

[그림39] 캔바 메인화면

2) Canva 템플릿으로 인스타그램 게시물 만들기

① 소셜 미디어 ② 인스타그램 게시물을 선택한다.

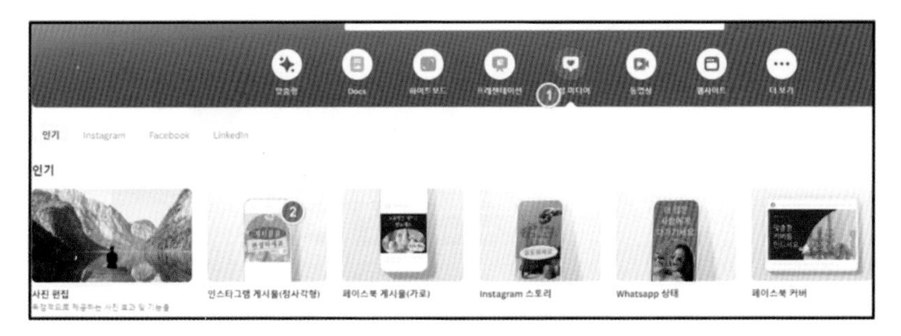

[그림40] 게시물 선택하기

③ 템플릿을 고르면 ④ 캔버스에 디자인이 생성된다.

[그림41] 템플릿 선택하기

⑤ 텍스트를 더블클릭하고 수정하기 ⑥ 폰트 ⑦ 크기 수정

[그림42] 텍스트 수정하기

3) 완성된 결과물 다운로드

⑧ 공유 ⑨ 다운로드를 클릭하기 ⑩ 이미지 파일은 PNG 파일 선택하기 ⑪ 다운로드하면 내 컴퓨터로 저장된다.

[그림43] 다운로드 하기

4) AI 도구로 디자인 편집하기

빈 캔버스를 준비한다.

① 소셜 미디어 ② 인스타그램 게시물

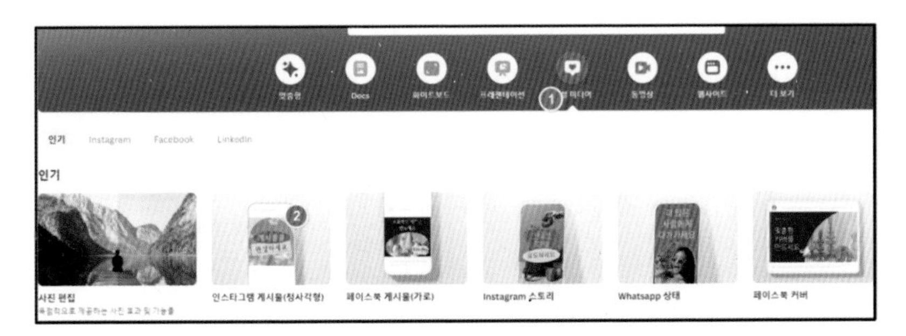

[그림44] 캔버스 준비

왼편 메뉴 중에 ① 요소 ② 나만의 이미지 생성하기를 클릭하기

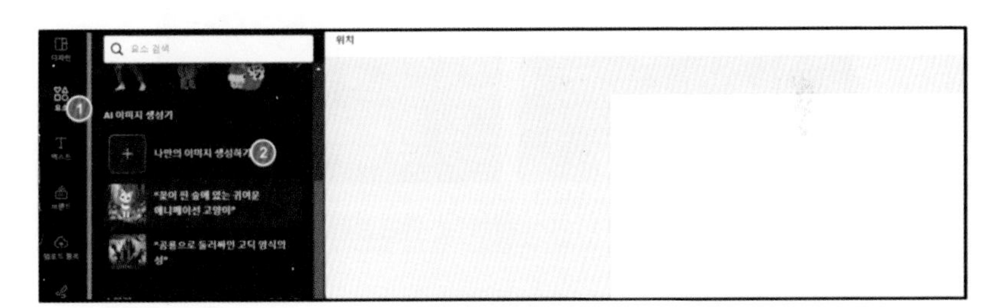

[그림45] 이미지 생성

① 프롬프트 입력창에 원하는 이미지를 입력한다.(꽃다발을 들고 있고 정면을 바라 보는 여자)

② 스타일을 사진으로 선택

③ 이미지 생성을 누르면 이미지가 생성된다.

④ 이미지 선택 → 캔버스로 이동

⑤ 다시 생성하기 → 이미지 재생성 된다.

[그림46] 이미지 생성 및 재생성하기

5) AI 도구로 이미지 추가하기

사진에 없었던 이미지를 AI 도구로 그려 넣을 수 있다.

① 사진을 클릭하기 ② 사진 편집 클릭 ③ Magic Edit를 클릭하기

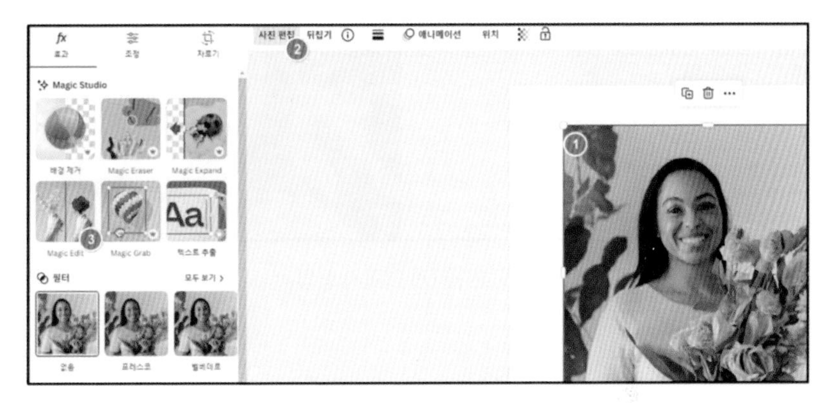

[그림47] 이미지 그려 넣기

④ 비어 있는 공간에 브러시를 칠하고 ⑤ 계속하기

[그림48] 브러시 활용하기

⑥ 브러시 칠한 공간에 '시계'이미지를 삽입 ⑦ 생성하기

[그림49] 시계 이미지 삽입

생성된 이미지를 클릭하면 앞에서 브러시로 색상을 칠한 곳에 이미지가 추가된다. 이런 방식으로 기존 사진에 없었던 이미지를 추가할 수 있다.

[그림50] 이미지 추가 완성

6) AI 도구로 사진 확장하기(유료 기능)

① 사진선택 ② 사진 편집 ③ Magic Expand 선택

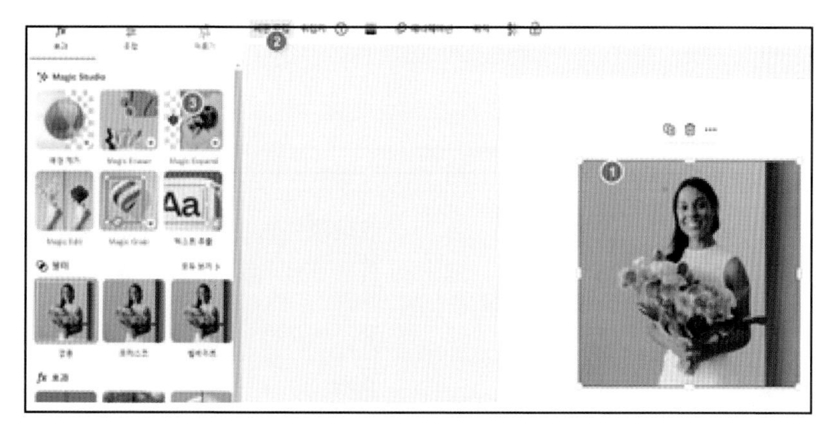

[그림51] 사진 편집 시작

④ 확장할 영역을 지정하고 ⑤ Magic Expand를 누르면 사진이 확장된다.

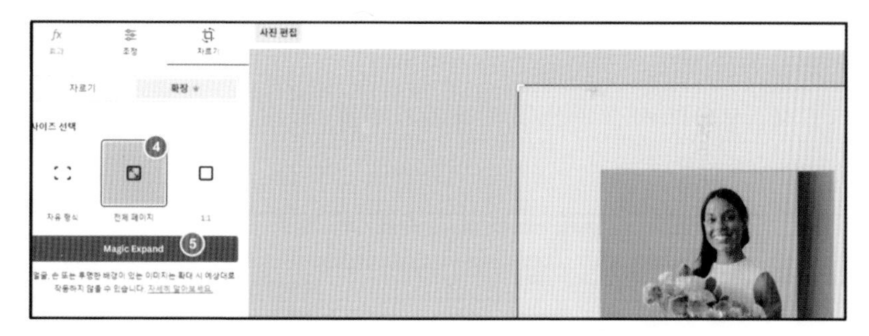

[그림52] 사진 영역 확장하기

결과물은 다음과 같이 배경이 확장됐다. 사진을 찍다 신체 일부가 잘린 사진이라면 배경 확장 기능을 이용해 신체를 복원할 수 있다. 인공지능이 기존 사진의 의상, 피부색, 배경을 분석해 이미지를 만들어 준다. 인공지능이 완벽하지는 않지만, 확장된 이미지가 마음에 들지 않으면 다시 생성하기를 눌러 재시도하면 된다.

[그림53] 완성 화면

7) AI 도구로 배경 삭제하기(유료 기능)

사람, 동물, 물건의 배경을 AI가 삭제한다.

① 사진선택 ② 사진 편집 ③ 배경 제거 선택

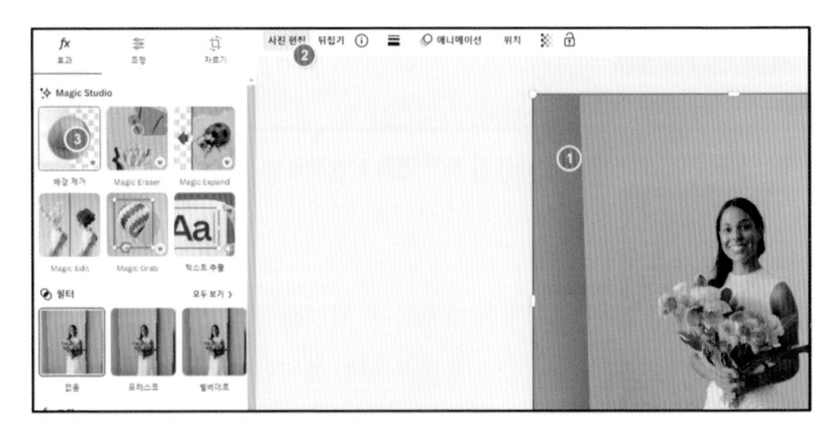

[그림54] 배경 제거하기

인물 뒷배경이 삭제됐다.

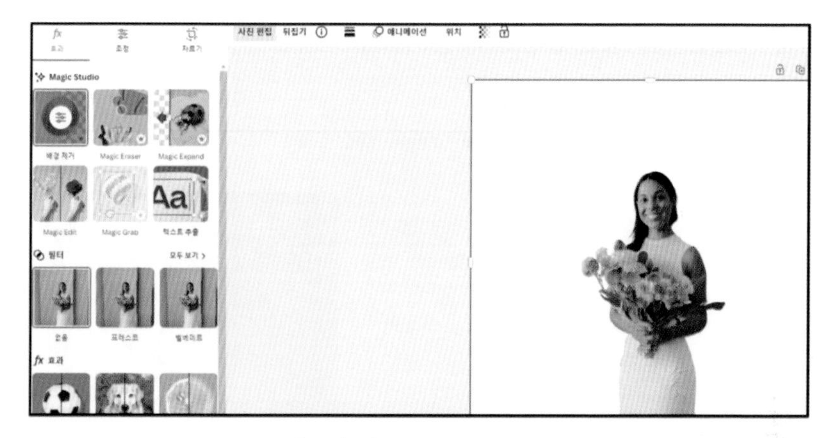

[그림55] 배경 제거한 화면

8) 되돌리기

되돌리기 단계를 누르면 이전으로 되돌아간다.

[그림56] 되돌리기

9) AI 도구로 배경과 요소 분리하기(유료 기능)

인물과 배경을 분리하는 AI 기능이다.

① 사진선택 ② 사진 편집 ③ Magic Grab 선택

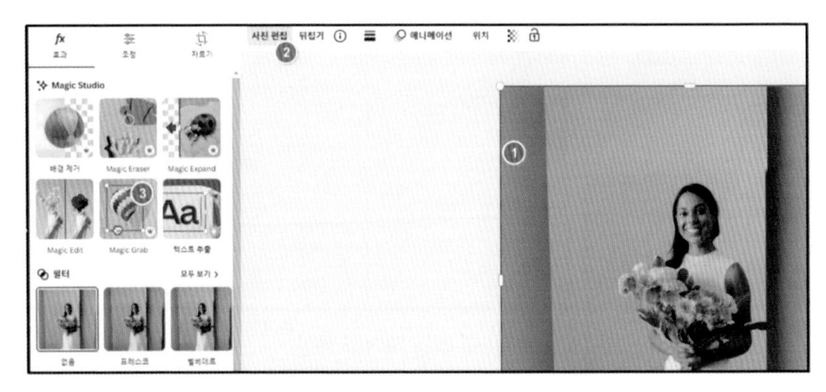

[그림57] Magic Grab 선택

이미지와 배경이 분리된다.

[그림58] 이미지와 배경 분리

이미지가 분리되면 뒤의 배경은 다른 같은 배경으로 만들어지며 분리된 이미지는 이동이 가능하다. 앞의 화면처럼 복사 붙여넣기를 하면 두 명의 사람을 만들 수 있다.

Epilogue

우리가 살고 있는 이 시대는 끊임없이 변화하고 있으며 그 중심에는 생성형 AI가 자리 잡고 있다. 이 책을 통해 우리는 AI가 광고와 마케팅 산업에 가져온 혁신적인 변화를 살펴보았다.

2024년 현재, 생성형 AI는 단순한 기술을 넘어 우리 삶의 일부가 됐다. 이는 우리가 정보를 얻고 소통하며 창작하는 방식을 근본적으로 변화시켰다. 광고와 마케팅 분야에서는 이 기술이 개인화된 경험을 제공함으로써 소비자와의 관계를 강화하고 있다. 이러한 변화는 비단 광고에만 국한되지 않는다. 교육, 의료, 엔터테인먼트 등 다양한 분야에서도 AI의 영향력은 점점 확대되고 있다.

인공지능 기술은 계속해서 발전하고 있으며 그 가능성은 우리의 상상을 초월한다. 하지만 기술 자체보다 더 중요한 것은 우리가 그 기술을 어떻게 활용하는가다. AI를 단순한 자동화 도구로만 여기지 말고, 창의력을 발휘하고 새로운 가치를 창출하는 데 있어 필수적인 동반자로 인식해야 한다.

이 책에서 소개된 다양한 사례와 아이디어들이 여러분의 일상에 새로운 영감을 주었기를 바라며 AI와 함께하는 미래를 두려워하기보다는, 이를 삶의 질을 향상시키는 도구로 받아들이고 적극적으로 활용하는 것이 중요하다.

기술은 결국 인간을 위한 것이다. 우리가 AI를 어떻게 활용하느냐에 따라 그 가치는 천차만별이 될 것이다. 이 책이 여러분의 삶에 창의력과 혁신의 씨앗이 되길 바라며, 이 책의 마지막 페이지를 마무리한다.

MS 코파일럿의 다양한 활용 방법

변 은 주

제4장
MS 코파일럿의 다양한 활용 방법

Prologue

여기, 당신의 지성을 업그레이드 시켜줄 '마이크로소프트 코파일럿'을 소개한다. MS Copilot은 윈도우 마이크로소프트사의 생성형 AI이다. MS의 웹브라우저인 엣지(Edge)에서 실행되는 Copilot을 활용하면, 1인 기업 시대, 퍼스널 브랜딩 시대에 마케팅 등 하고자 하는 많은 일들을 더욱 효율적으로 할 수 있다. MS 코파일럿의 세계로 발걸음을 내디디면, 진정한 비서인 코파일럿과 함께 학습하고 발전해 여러분이 하는 일들을 더욱 효과적이고 창의적으로 만든다.

유료 버전인 MS365 Copilot의 경우 '저작권 면책 특권'이 있다. 즉 저작권 침해로 고소를 당할 경우 사용자를 변호하는 것은 물론 사용자를 대신해 법적 책임을 지겠다고 발표한 바 있다. 다만, MS Copilot은 한글 지원이 되지만, MS 365의 워드, 엑셀, 파워포인트 등에서 사용하는 Copilot은 아직 한글이 지원되지 않아 일일이 번역해서 사용해야 하는 번거로움이 있다. 챗GPT도 초기에 영어로만 사용이 가능했는데 현재는 한글로 사용이 가능하듯, 곧 한글이 지원되리라 기대한다.

본문은 MS Copilot을 처음 접하는 분들을 위해 가입부터 시작해서 기본적인 내용으로 구성했다.

1. MS 코파일럿(Microsoft Copilot) 이해하기

1) 코파일럿이란?

MS Copilot은 마이크로소프트의 인공지능(AI) 기반 검색 도구로 자연어 처리, 대규모 언어 모델 등의 첨단 기술을 활용해 사용자의 일상생활과 업무를 지원한다. 텍스트, 이미지 등 다양한 콘텐츠 생성이 가능하며, 이를 통해 우리는 더욱 창의적이고 생산적으로 작업할 수 있으며, 더 나은 비즈니스의 미래를 설계할 수 있다.

MS Copilot은 개인용과 비즈니스용으로 다양한 옵션을 제공한다. 이 서비스는 Microsoft 365 앱과의 조화를 통해 일상적인 업무를 더욱 효율적으로 만들어 준다. 예를 들어 Word, Excel, PowerPoint 등에서 Copilot을 활용해 문서 작성, 데이터분석, 프레젠테이션 준비 등을 보다 스마트하게 수행할 수 있다.

2) MS 코파일럿 사용

MS Copilot은 Windows, Edge 브라우저, Bing 검색 웹사이트 등 다양한 플랫폼에서 접근할 수 있으며 사용자의 요구에 맞춰 적절한 채팅 모드를 선택할 수 있는 옵션을 제공한다. 윈도우 컴퓨터는 엣지 부라우저가 설치돼 있으므로, MS 엣지 웹사이트에 접속해 계정을 만들고 로그인해 사용한다.

MS Copilot의 다양한 활용법을 통해 일상생활과 업무에서 AI의 혜택을 누릴 수 있으며 더 나은 결정을 내리고 더 빠르게 문제를 해결할 수 있다.

2. 코파일럿 시작하기

1) MS 엣지 다운로드

컴퓨터의 윈도우에 있는 MS 엣지를 연다. MS 엣지가 안 보이면 검색한 후 다운로드해서 설치한다.

[그림1] Microsoft Edge 검색

[그림2] Microsoft Edge 다운로드 및 설치

2) 계정 만들고 로그인하기

① 계정 생성 : Microsoft Edge 브라우저를 열고, 오른쪽 상단에 있는 프로필 아이콘을 클릭한 후 '계정 만들기'를 선택한다.

② 정보입력 : 요구되는 정보(이름, 이메일 주소, 비밀번호 등)를 입력하고, '다음'을 클릭한다.

③ 이메일 확인 : 등록한 이메일로 전송된 링크를 클릭해서 이메일 주소를 인증한다.

④ 로그인 : 계정 생성이 완료되면 Microsoft Edge에서 프로필 아이콘을 클릭하고 '로그인'을 선택해 새로 만든 계정 정보로 로그인한다.

[그림3] 계정 만들기(출처: Microsoft Edge)

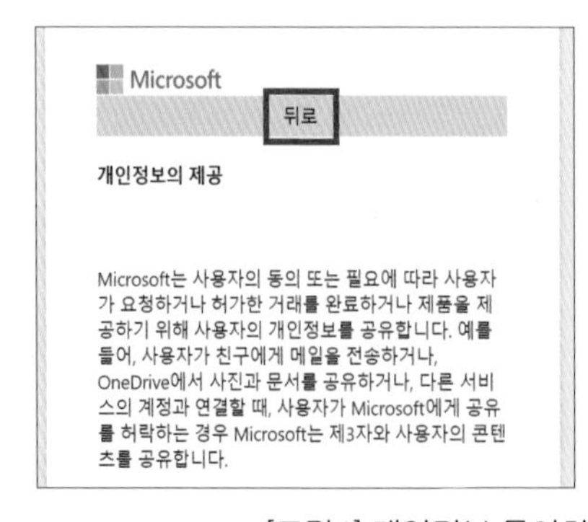

[그림4] 개인정보 동의하기(출처: Microsoft Edge)

[그림5] 계정 만들고 로그인하기(출처: Microsoft Edge)

⑤ 스마트폰의 플레이스토어나 앱스토어에서 2차 보안 인증에 필요한 Authenticator 앱을 설치한다.

⑥ Authenticator에서 인증 번호를 선택해 추가 인증한다.

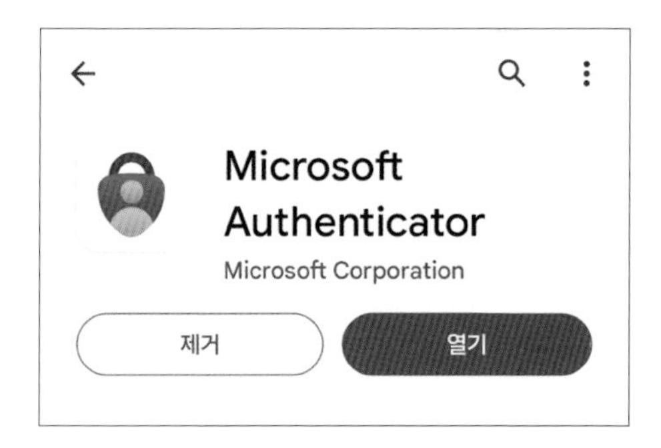

[그림6] Authenticator 앱 설치(출처: 플레이스토어)

[그림7] Authenticator 앱에서 인증하기

MS Copilot 계정을 만들고 로그인할 때 이중의 수고로움이 있지만 그만큼 보안이 철저한 장점이 있다.

- MS 엣지 검색창에 있는 코파일럿 버튼을 누르면 화면 전체에 코파일럿 창이 열린다.
- 오른쪽 상단의 코파일럿 버튼을 누르면 오른쪽 사이드바에 코파일럿 창이 열린다.
- 컴퓨터의 작업 표시줄에도 코파일럿 로고가 탑재돼 있어, 필요할 때 바로 열어서 사용할 수 있다.(사양 : Window 11, 버전 : 23H2로 업데이트 후 '설정→개인 설정→작업 표시줄'에서 'Copilot' 스위치를 켜고 활성화하면 작업 표시줄에 Copilot 아이콘이 생긴다.)

- MS 엣지가 아닌 다른 브라우저에서도 하단 작업 표시줄에 있는 코파일럿 아이콘 클릭하면 오른쪽 사이드에 코파일럿 화면이 열린다.

[그림8] 코파일럿 실행하기

3. MS 코파일럿의 기능

MS 코파일럿은 문서나 이미지 등을 생성하고 분석·요약하는 등 다양한 기능을 갖고 있다. Open AI에서 유료로 제공하는 GPT4.0 버전과 Dall-E3 이미지 생성 기능을 MS 코파일럿에서는 무료로 사용할 수 있다.

1) 대화 스타일 지정

- 문학이나 예술 관련은 '보다 창의적인'으로
- 일상 관련은 '보다 균형 있는'으로
- 전문성 & 정보성 글은 '보다 정밀한'으로 맞춰 놓고 사용한다.

2) 프롬프트 입력

'프롬프트'란 필요한 답을 얻기 위해 하는 입력을 의미한다. 주제와 형식, 분량에 대해 최대한 구체적이며 정확하게 입력할수록 원하는 정보를 더욱 효과적으로 정확하게 얻을 수 있다. 구글의 제품 마케터 제프 수(Jeff Su)는 그의 유튜브에 6가지 프롬프트 공식을 소개했다.

(1) 업무(Task)

명확한 목표를 제시하는 행동 동사로 시작한다.

예시) 단순한 용어로 (주제)를 설명해 줘.

(2) 맥락(Context)

사용자의 배경, 성공적인 결과의 모습, 상황, 환경 등을 고려한다.

예시) 내가 초보자라고 생각하고 설명해 줘.

(3) 예시(Exemplar)

예시를 제공하면 논리구조에 따라 더 원하는 방향으로 대답한다.

예시) '저는 Y라는 방법을 사용해서 X라는 성취를 이뤘고, 이를 통해 Z라는 결과를 얻었습니다'라는 구조로 위의 내용들을 작성해 줘.

(4) 페르소나(Persona)

'(어떤) 전문가'처럼, 행동하기 원하는 인물의 특성을 설명한다.

예시) 너는 (주제) 관련 분야의 대학교수야.

(5) 형식(Format)

최종 결과물을 어떻게 보여주기 원하는지 명시한다.

예시) (리스트, 표) 형식으로 작성해 줘.

(6) 어조(Tone)

사용하는 언어의 스타일을 설정한다.

예시) 전문가, 유머러스한, 친근한 스타일로 작성해 줘.

3) 마이크 사용

프롬프트 입력창 오른편에 있는 마이크를 클릭 후 음성으로 프롬프트를 입력할 수 있다. 음성으로 입력하면 답변도 글과 함께 음성으로도 생성된다.

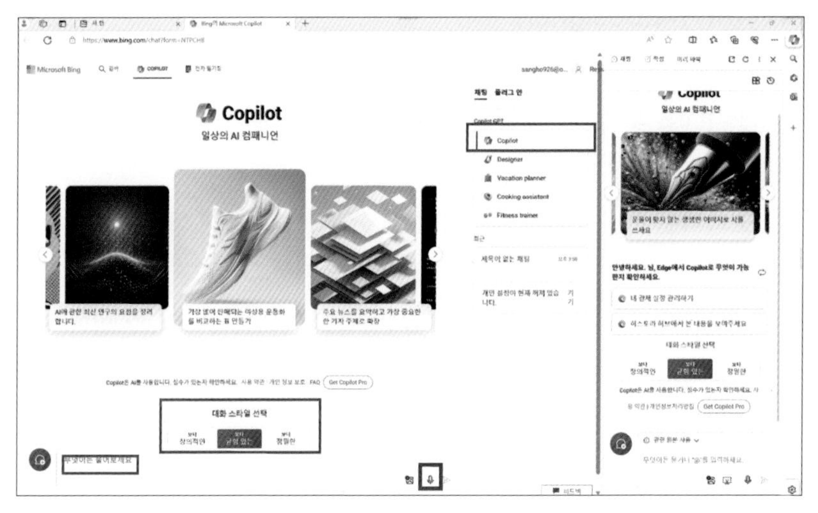

[그림9] 대화 스타일 선택 & 프롬프트 입력

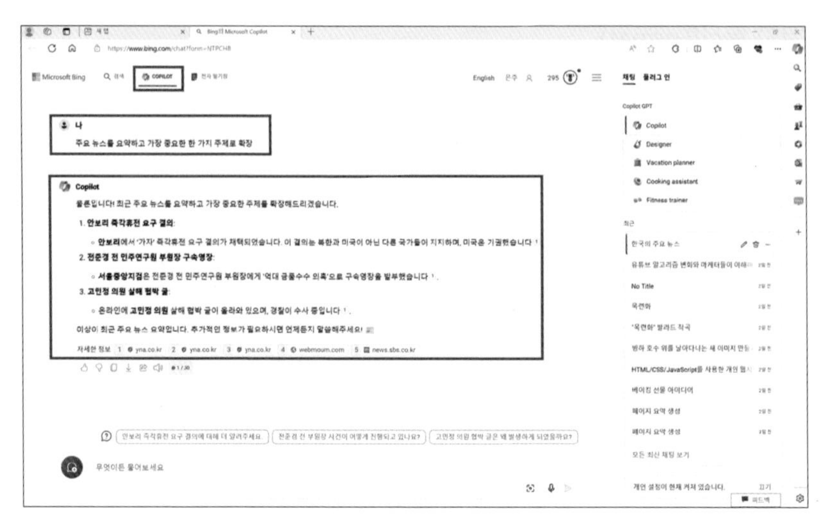

[그림10] 입력한 프롬프트로 답변 생성

4) 디자이너(Designer)

'디자이너'에서는 OPEN AI사에서 개발한 AI 이미지 생성 서비스 'DALL-E3'를 통해 텍스트를 이미지로 생성해 준다.

- 코파일럿 화면 오른쪽 상단의 Designer를 클릭하면 이미지들이 나타난다.
- 이미지에 마우스를 가져다 대면 이미지의 프롬프트를 볼 수 있다.
- 사용자가 프롬프트를 입력해 이미지를 생성할 수 있다.
- 프롬프트를 수정, 보완해 가면서 새로운 이미지를 생성할 수 있다.
- 원하는 인물, 풍경 등 대상을 정하고
- 사실적, 추상적, 만화풍 등 스타일과 분위기를 정한다.
- 표정, 배경, 형태 등 세부 내용을 결정해 프롬프트를 입력한다.

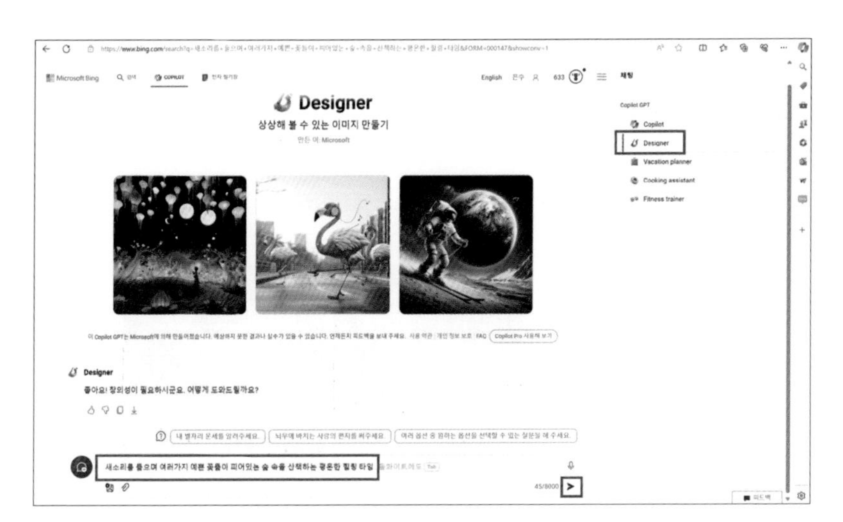

[그림11] Desinger 채팅창에 프롬프트 입력

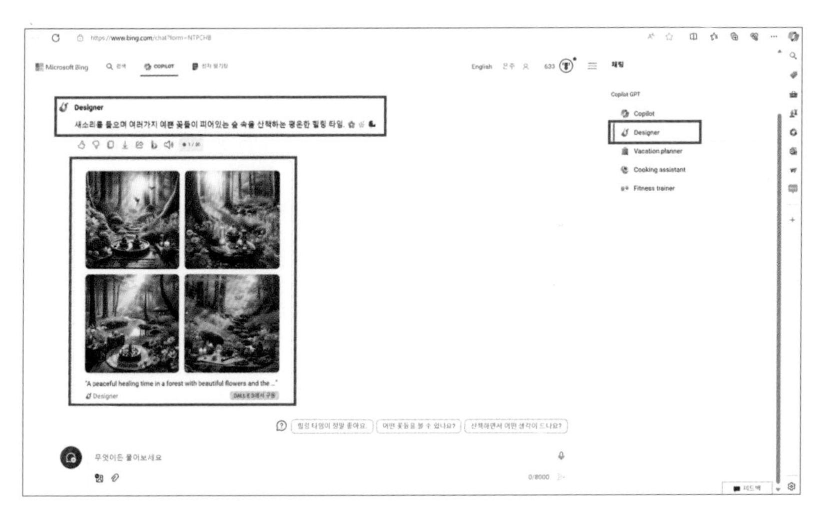

[그림12] Desinger에서 생성된 이미지

- https://designer.microsoft.com/design 을 통해 다양한 디자인을 생성할 수 있다.

- 다음은 Designer의 image Creator에서 생성한 그림이다.

[그림13] 이미지 생성(출처 :https://designer.microsoft.com/design)

5) Vacation planner, Cooking assistant, Fitness trainer

각각의 분야에서 최신 인공지능 기술을 활용해 사용자의 요구에 맞춰 다양한 서비스를 제공한다.

(1) Vacation planner(여행)

여행 계획을 도와주는 도구로 여행지 선택, 숙박 시설 예약, 여행 경비 계산 등을 도와준다.

① (채팅에 나와 있는 예문 참고) 프롬프트를 작성한다.
② 여행 일정을 구성하고, 여행지의 주요 관광지를 추천한다.
③ 여행 경로를 최적화하는 등의 기능을 제공한다.
④ 답변 아래 자세한 내용들을 검색해서 정보에 오류가 없는지 확인한다.

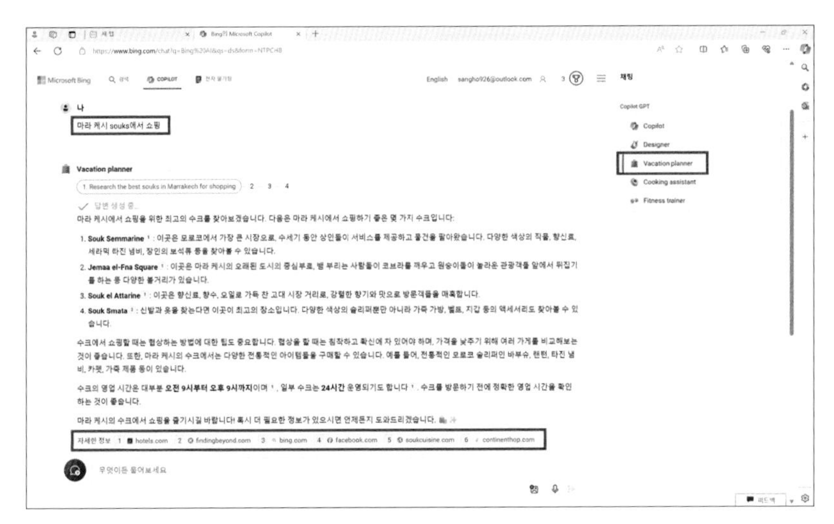

[그림14] Vacation planner

(2) Cooking assistant(요리)

요리를 도와주는 도구로 레시피 제공, 요리 기술 가르치기, 식재료 준비 등을 도와준다.

① 대화스타일 : '보다 창의적인'에 맞추어 놓는다.

② 예 : 냉장고에 있는 식자재를 입력 후 이를 이용한 요리 레시피를 요청한다.

③ 요리 과정을 단계별로 따라갈 수 있도록 도와준다.

④ 요리에 필요한 재료와 기술에 대한 정보를 제공한다.

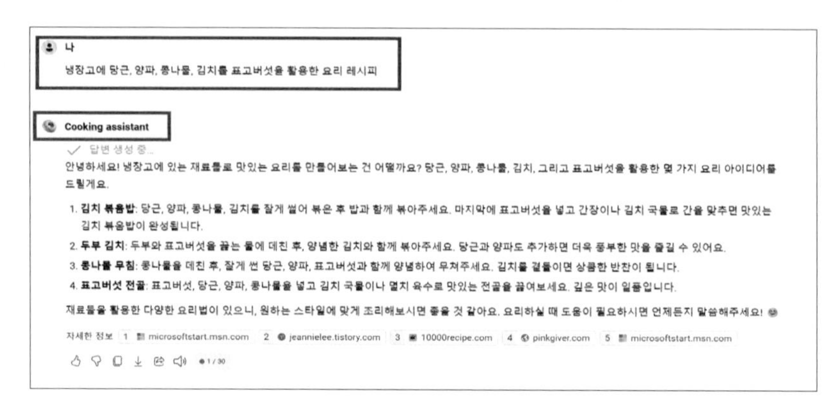

[그림15] Cooking assistant

(3) Fitness Trainer(운동)

운동을 도와주는 도구로 운동계획 설정, 운동 방법 가르치기, 운동 성과 추적 등을 도와준다. 피트니스 트레이너는 사용자의 운동 목표에 맞는 운동계획을 설정하고 올바른 운동 방법을 가르쳐주며 운동 성과를 추적하고 평가하는 역할을 한다.

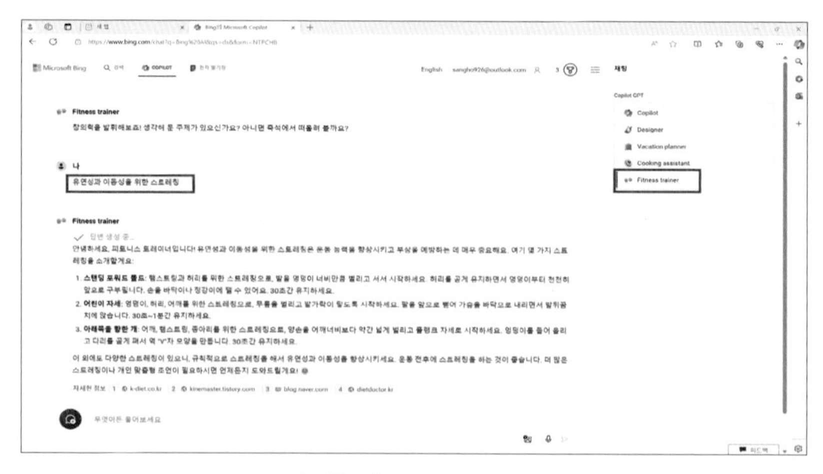

[그림16] Fitness Trainer

6) 전자 필기장

'전자 필기장'은 다양한 전산 장치를 활용해 언제, 어디서든 작업할 수 있고, 나만의 정보를 기록하고 관리하는 디지털 필기장이다. 필기하고 필요한 내용을 저장하며 다른 사람과 내용을 공유할 수 있다. 왼쪽에 질문을 입력하면, 오른쪽 화면에서 Copilot이 생성한 답변을 볼 수 있어서 마치 똑똑한 조수와 대화하듯이 질문을 입력하고 답변을 받을 수 있는 기능이다.

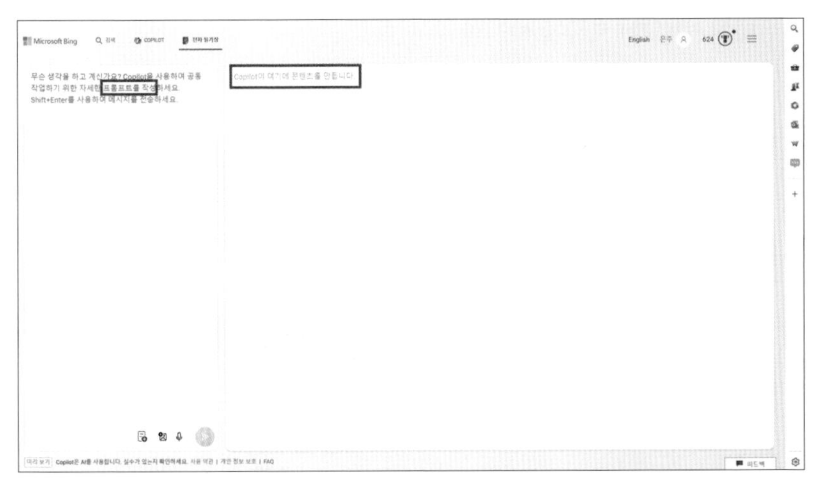

[그림17] 전자 필기장

4. 사이드바 코파일럿의 기능

1) '채팅' 기능

컴퓨터 화면의 오른쪽 상단 코파일럿 아이콘을 클릭하면 오른쪽 사이드에 코파일럿 창이 생긴다, 창의 상단을 '채팅'으로 설정한다.

(1) 웹페이지 요약 분석

① MS 웹페이지의 기사를 클릭하고 오른쪽 코파일럿 창에서 페이지 요약 생성을 클릭하면 기사 내용을 요약 정리해 준다.

② 답변 뒤에 생성된 번호를 클릭하면, 웹페이지 상에서 정보에 대한 위치를 확인시켜 준다.

③ 정보에 대한 출처와 블로그 등 참고 사이트도 함께 알려주어 더 자세한 내용과 함께 생성된 내용의 진위 여부도 확인할 수 있어서 할루시네이션(환각) 오류를 방지할 수 있다.

④ 계속해서 필요한 추가 질문들을 하거나, 기존에 나와 있는 질문들을 클릭해 추가적인 정보들을 얻을 수 있다.

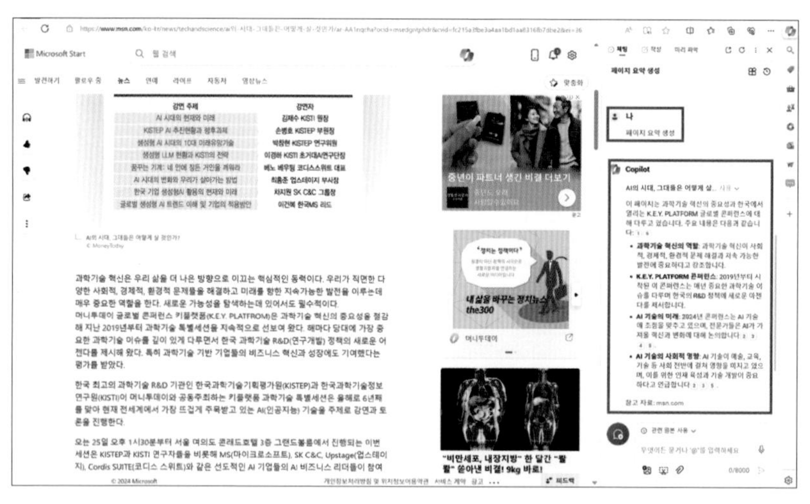

[그림18] MS 엣지 웹페이지 요약 분석

(2) 유튜브 동영상 인사이트 생성

① MS 엣지 브라우저에서 유튜브 접속 후 오른쪽 상단의 코파일럿 버튼을 클릭하면 오른쪽 사이드바가 열린다.

② 대화 스타일(창의적인, 균형 있는, 정밀한)을 선택해 코파일럿의 반응을 조정한다.

③ '비디오 요약 생성'을 하면 동영상의 내용을 요약해 준다.

④ '동영상 하이라이트 생성하기'는 동영상 시간대별 하이라이트가 생성된다.

⑤ 추가 적으로 주어진 질문이나 알고 싶은 내용들을 입력해 인사이트를 얻는다.

[그림19] 유튜브 요약 분석(출처: 유튜브)

(3) 사진 캡처

웹사이트나 PDF의 이미지나 문자를 캡처하고 분석한다.

① 오른쪽 코파일럿 창 하단의 사진 캡처 기능을 클릭한다.
② 분석을 원하는 사진을 드래그해서 붙여 넣는다.
③ 캡처된 이미지 위에 '이미지 분석해 줘' 등 이미지 검색을 위한 프롬프트를 입력하면, 이미지를 분석해서 요약해 준다.

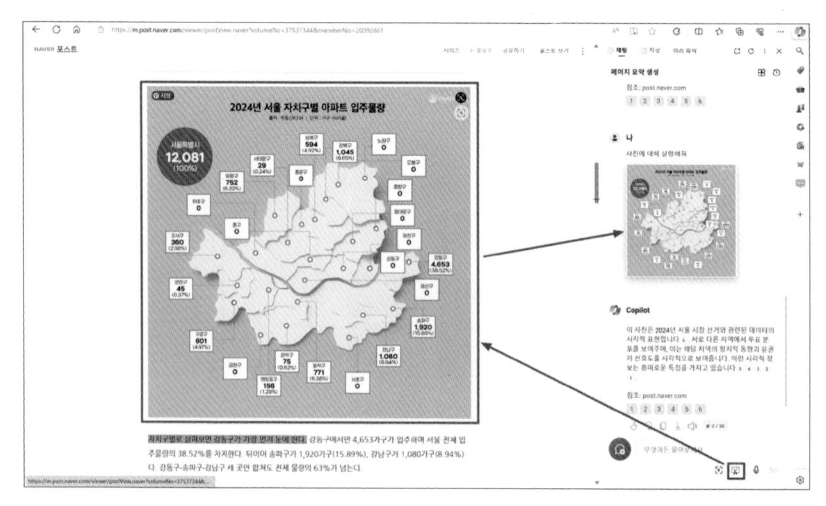

[그림20] MS 엣지 웹페이지 캡쳐 화면 분석

(4) 이미지 추가

① 오른쪽 하단의 '이미지 추가' 버튼을 누르고, 내 파일에 있는 이미지를 붙여 넣는다.
② 이미지 바로 위 '무엇이든 물어보세요' 칸에 '이미지 분석해 줘' 등 이미지 검색을 위한 프롬프트를 입력한다.

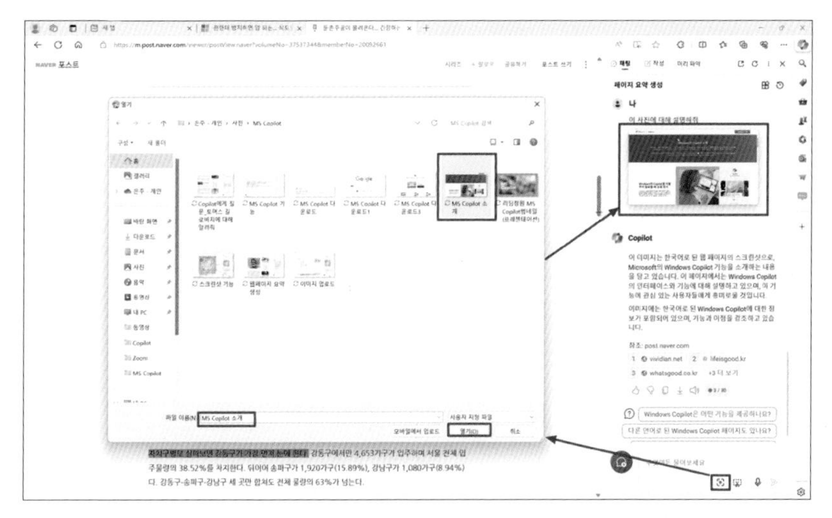

[그림21] MS 엣지에서 내 파일에 저장한 이미지 분석

③ OCR(광학문자인식) 기능을 통해 이미지에 담겨있는 글자를 인식해서 써주거나 요약할 수 있다.

(5) PDF 파일 요약 분석

① 내 PDF 파일에서 마우스 오른쪽을 클릭한다.

② '연결 프로그램'의 오른쪽 꺽쇠를 눌러 Microsoft Edge로 검색한다.

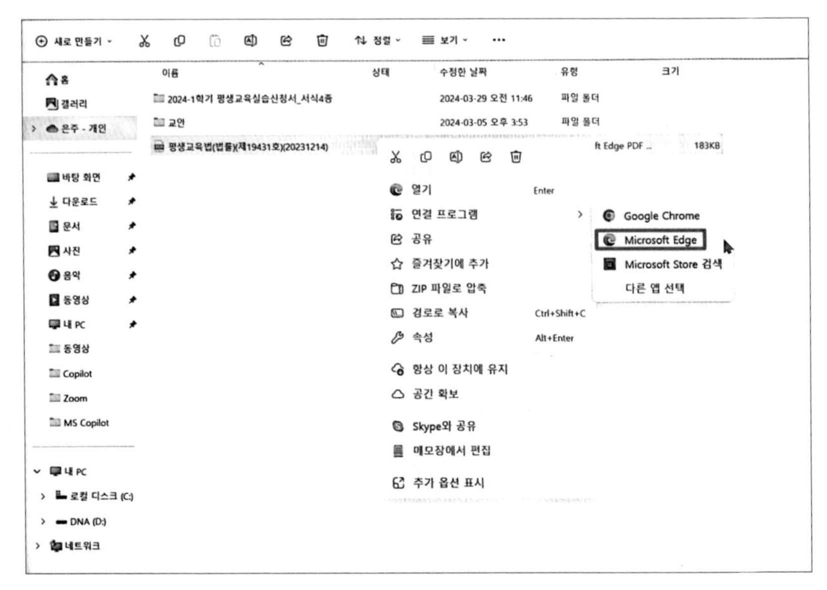

[그림22] MS 엣지로 PDF 업로드

③ PDF가 엣지에서 열린다.

④ 오른쪽 상단의 코파일럿 로고를 누르면 코파일럿 사이드 바가 열린다.

⑤ 페이지 요약 분석을 누르면 PDF 자료를 요약 생성해 준다.

⑥ 답변 뒤에 생성된 번호를 클릭하면, 웹페이지 상에서 답변의 출처를 확인해 준다.

⑦ 필요한 추가 질문을 하거나, 코파일럿이 생성한 질문들을 클릭하면 추가적인 정보들을 얻을 수 있다.

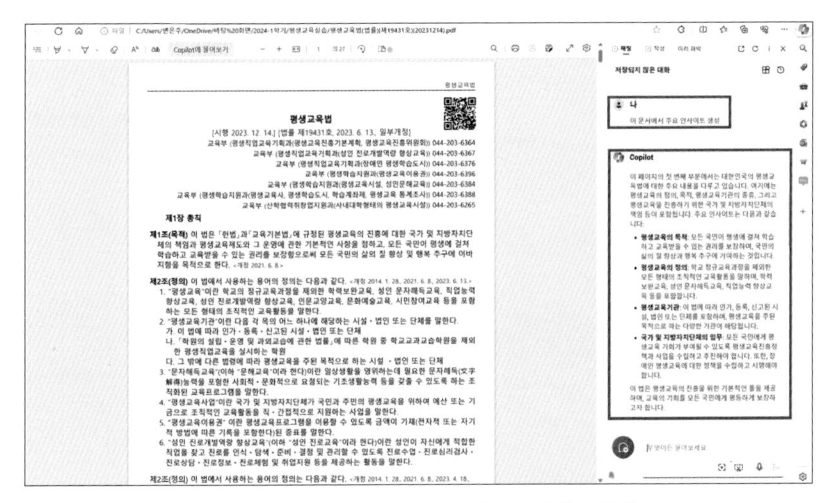

[그림23] PDF 파일 요약 분석(출처: 평생교육법)

2) '작성' 기능

이번에는 상단 '채팅'에서 오른쪽 '작성'으로 변경해 설정하면 창의 메뉴가 아래와 같이 변경된다. 톤, 형식, 길이 등을 지정해서 작성하므로 프롬프트 작성이 간편하고 효율적이다.

- 작성 주제를 입력한다.
- 톤(전문가, 캐주얼, 열정적, 콘텐츠형, 재미)을 선택한다.
- 형식(단락, 전자 메일, 아이디어, 블로그 게시물)을 선택한다.
- 길이(짧게, 보통, 길게)를 선택한다.
- '초안 생성'을 누르면 답변을 생성해 준다.
- 필요하면 제시돼 있는 예시문을 참조해 추가 질문한다.

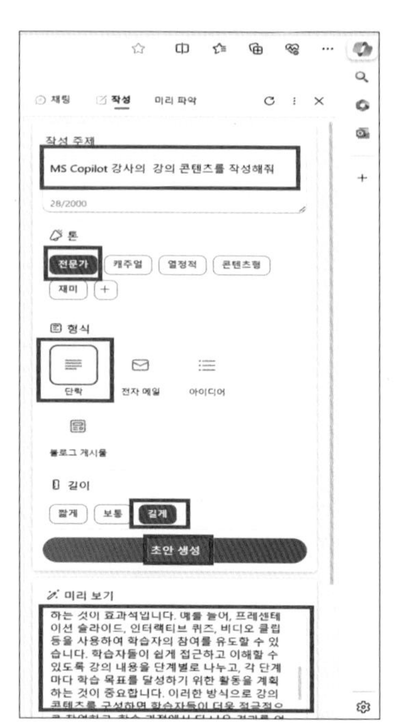

[그림24] 코파일럿 사이드바의 '작성' 기능

3) '플러그인' 기능

'플러그인(Plug-in)'은 기존 프로그램이나 애플리케이션에 특정 기능을 플러그를 꼽듯이 추가하는 소프트웨어 구성요소이다. 플러그인은 일반적으로 다른 소프트웨어와 함께 작동되도록 설계되며, 타사 개발자가 기존 프로그램의 기능을 확장하기 위해 만드는 경우가 많다. 플러그인은 다양한 분야에서 활용되며 웹 브라우저, 음악 소프트웨어, 그래픽 디자인 프로그램 등에서 사용된다.

① 코파일럿 사이드바 '채팅'창 아래 오른쪽에 주사위 모양 아이콘이 플러그인이다.

② 플러그인 오른쪽에 있는 새로 고침을 눌러 'New chat'을 연다.
③ 플러그인 아이콘을 클릭하면 다양한 플러그인이 나타난다.
④ 플러그인 제일 처음에 있는 'Seach'가 활성화돼 있어야 플러그인들을 활성화할 수 있다.

〈 Suno.ai 〉

플러그인 중 하나인 'Suno.ai'는 사용자가 몇 초 만에 맞춤형 음악을 작곡할 수 있게 해주는 AI 기술을 활용한다. 간단한 텍스트 프롬프트를 입력해 다양한 스타일과 장르의 음악을 생성할 수 있다. 매일 10곡까지 무료로 음악을 생성할 수 있으며, 다양한 트렌드의 노래를 만들어 볼 수 있다.

[그림25] MS 코파일럿의 플러그인 기능 1

[그림26] MS 코파일럿의 플러그인 기능 2

① Suno.ai를 활성화한다.

② '목련화'를 주제로 여가수의 힙합 노래를 작곡해달라고 요청해 보았다.

③ 잠시 후 가사가 생성되고, 이어서 1분 정도 길이의 목련화 노래를 들을 수 있다.

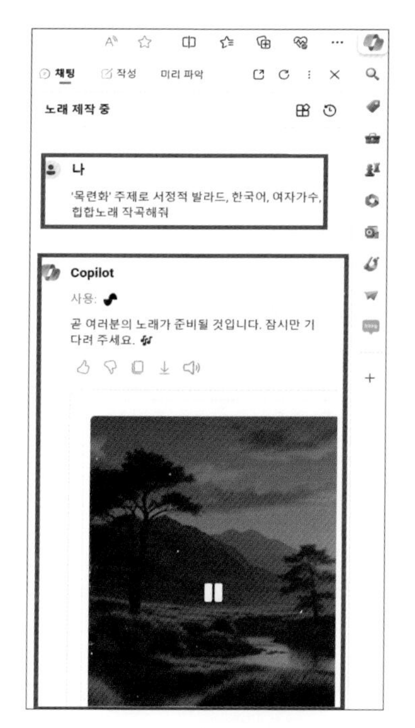

[그림27] MS 코파일럿의 플러그인 'Suno'

5. MS 365의 코파일럿

Microsoft 365는 클라우드 기반의 구독형 생산성 플랫폼이다. Word, Excel, PowerPoint, Outlook, OneNote, OneDrive 등의 Office 앱으로 구성돼 있으며 개인 및 가족용, 비즈니스용 등으로 나뉜다. Microsoft 365 앱에서 MS Copilot을 구독해 사용할 수 있다.

- 클라우드 기반의 서비스를 통해 언제 어디서나 문서를 작성하고 공유할 수 있다.
- 데이터 보호와 개인 정보 보호를 위한 고급 보안 기능이 제공된다.

- 사용자마다 1TB의 저장 공간을 제공해 파일을 저장하고 공유할 수 있다.
- 영어로 사용이 가능하며 한글이 곧 지원될 예정이다.

1) MS 365 Word의 코파일럿

MS 365 Word는 텍스트 문서를 만들고 편집할 수 있는 워드 프로세싱 소프트웨어이다.

- 문맥과 의도에 따라 단어, 구, 문장 및 단락을 제안할 수 있다.
- Copilot은 또한 문법, 철자, 구두점, 어조, 스타일 및 서식에 대해 도움을 줄 수 있다.
- MS 365 Word를 사용해 편지, 보고서, 에세이, 이력서 등을 작성할 수 있다.
- 이미지, 표, 차트 및 기타 요소를 추가해 문서를 향상시킬 수도 있다.

Microsoft 365 Word에서 Copilot을 사용하는 방법은 다음과 같다.

(1) MS 365 Word 새 문서 열고 저장하기 & 코파일럿 열기

① MS 365 word에서 필요한 스타일의 새 문서를 열면, 문서 화면에 코파일럿 아이콘이 보인다.
② 상단 리본 메뉴의 코파일럿 아이콘을 클릭하면 오른쪽에 코파일럿 사이드바가 생긴다.
③ 화면 왼쪽 상단의 '문서'를 클릭해 파일 이름을 입력하고 폴더를 정하여 저장한다.
④ 파일에서 '다른 이름으로 저장하기'를 클릭해 저장할 수 있다.
⑤ 한 번 저장해 놓으면 다음부터는 작업할 때마다 자동으로 저장된다.

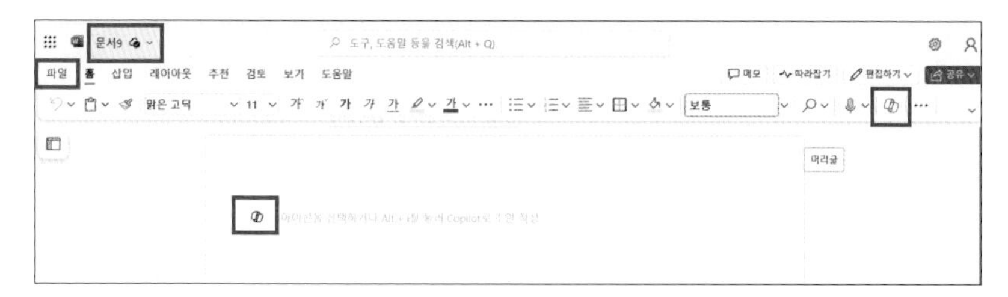

[그림28] 문서 저장하기 & 코파일럿 아이콘

[그림29] 파일명 입력하고 폴더에 저장하기

(2) Copilot으로 초안 작성 및 추가 질문하기

① 문서 안에 있는 Copilot 아이콘을 클릭하면 'Copilot으로 초안 작성' 하는 창이 생긴다. 여기에 영어로 프롬프트 입력 후 '생성'을 클릭하면 원하는 글이 생성된다.

② 오른쪽 사이드바의 코파일럿에서 생성된 문서 요약 및 추가 질문을 할 수 있다.

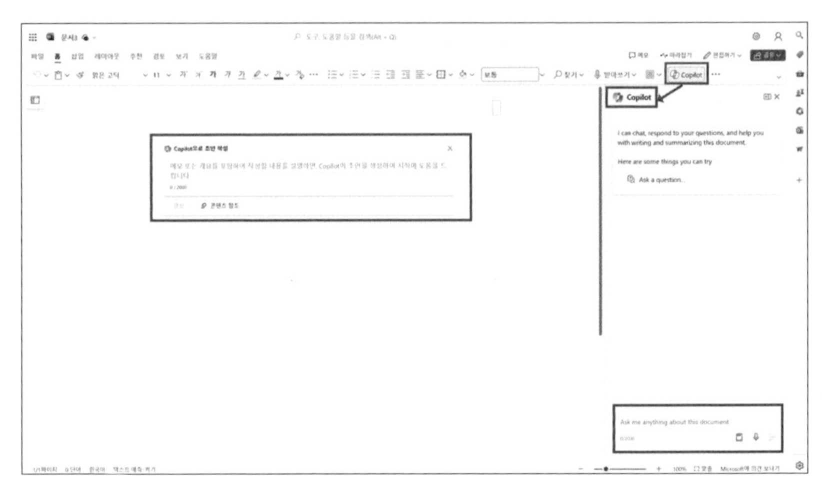

[그림30] Copilot으로 초안 작성 및 추가 질문하기

(3) Copilot으로 다시 작성

① 다시 작성하려는 섹션을 선택한 다음, 아래 왼쪽 여백에 있는 Copilot 아이콘을 클릭하면 '다시 작성'과 '표로 시각화' 창이 생긴다.

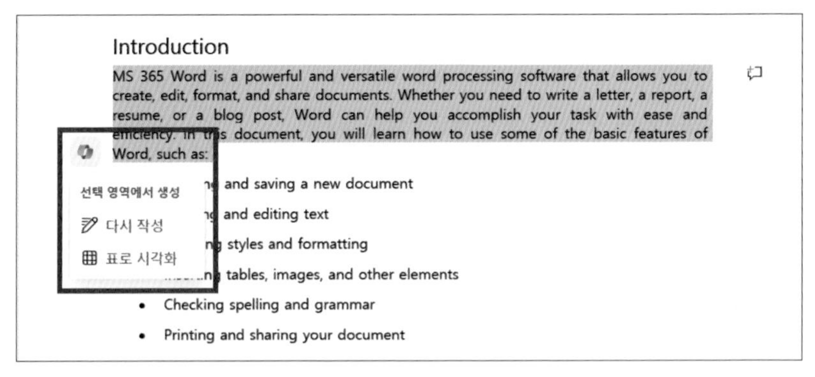

[그림31] 편집하려는 영역을 드래그하면 코파일럿 아이콘이 생김

② 하단 왼쪽의 '유지'를 클릭하거나, '되돌리기'를 클릭하면 다시 생성된다. 오른쪽 '이 표 미세 조정'에 내용을 추가해 다시 생성할 수 있다. [그림32]는 Introduction 내용을 코파일럿이 표로 시각화한 것이다.

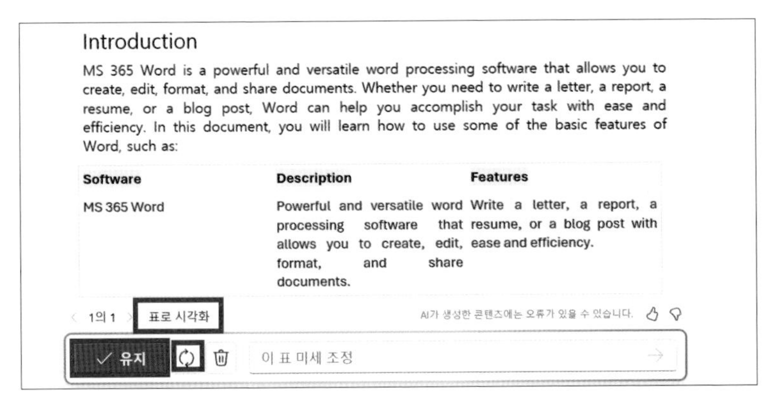

Introduction

MS 365 Word is a powerful and versatile word processing software that allows you to create, edit, format, and share documents. Whether you need to write a letter, a report, a resume, or a blog post, Word can help you accomplish your task with ease and efficiency. In this document, you will learn how to use some of the basic features of Word, such as:

Software	Description	Features
MS 365 Word	Powerful and versatile word processing software that allows you to create, edit, format, and share documents.	Write a letter, a report, a resume, or a blog post with ease and efficiency.

[그림32] 코파일럿의 '표로 시각화' 기능에 의해 생성된 표

(4) 영어 문서를 한글로 번역하기

리본 메뉴 상단의 '검토'에서 '번역' 꺽쇠를 눌러 '문서 번역'을 클릭하면 화면 오른쪽 사이드바에 번역기가 생긴다. 대상을 한국어로 하고, '번역'을 누른다. 번역본 상단에 연필 모양 '편집'을 누르면 한글 문서를 편집할 수 있다.

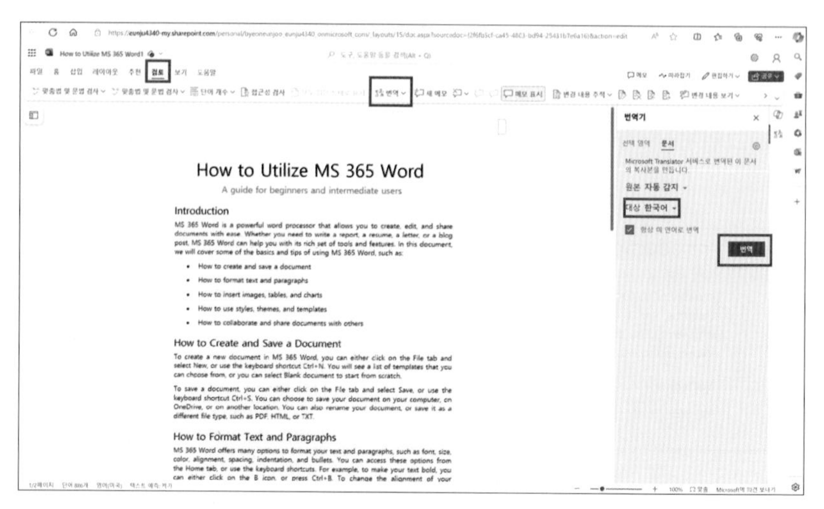

[그림33] 영어 문서를 한글로 번역하기

2) MS 365 PPT(프레젠테이션)의 코파일럿

MS 365 PPT의 코파일럿에 프롬프트를 입력해 PPT를 만들 수 있다. MS 365 word에서 만든 초안으로도 PPT를 만들 수 있다.

Microsoft 365 PowerPoint에서 Copilot을 사용하는 방법은 다음과 같다.

① PowerPoint 화면 열기

MS365의 PowerPoint에서 새 프레젠테이션을 클릭한다.

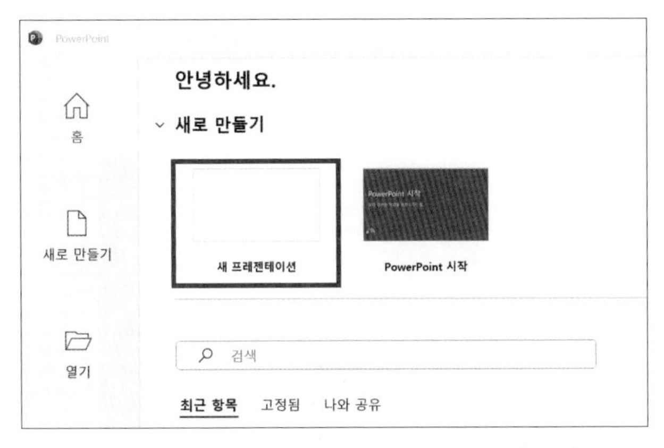

[그림34] MS 365 PPT에서 새 프레젠테이션 열기

② Copilot 패널 열기

PowerPoint 창 상단 리본에서 홈 탭 클릭 후, 리본의 디자인 섹션에서 Copilot 아이콘을 클릭하여 PowerPoint 창 오른쪽 Copilot 패널을 연다.

③ 프롬프트 입력

Copilot 패널에 있는 'Create a presentation about'을 클릭하고 채팅창에 원하는 프롬프트를 입력 후 비행기를 클릭하면 새로운 프레젠테이션이 생성된다. Copilot 패널의 'Create presentation from file /'를 클릭하면 'MS 365 Word' 문서를 가져와 PPT를 생성할 수 있다.

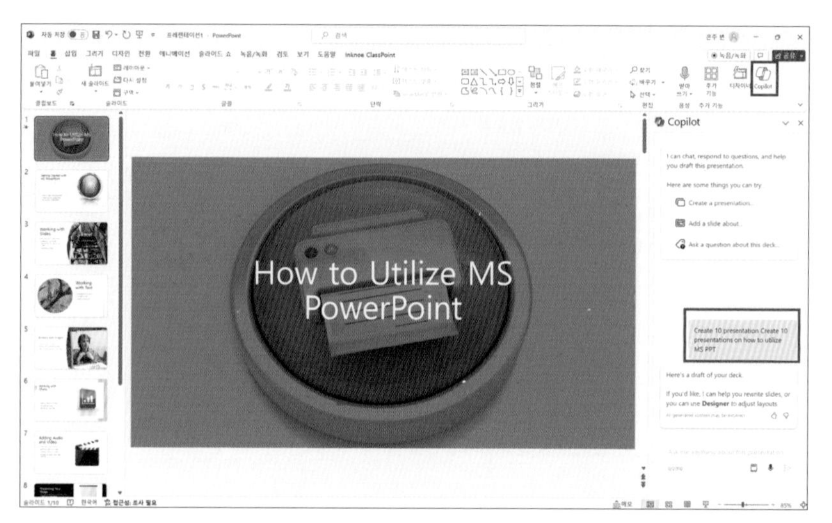

[그림35] 코파일럿에서 PPT 만들기

④ 프레젠테이션 검토 및 수정

완성된 슬라이드에서 문구를 검토하고 직접 수정할 수 있다.

⑤ 이미지 변경

이미지를 변경하려면 해당 이미지 선택 후 오른쪽 상단 리본 메뉴에서 '디자인' 클릭하고, 오른쪽 하단의 '더 많은 디자인 아이디어 보기' 클릭해서 원하는 디자인을 선택한다.

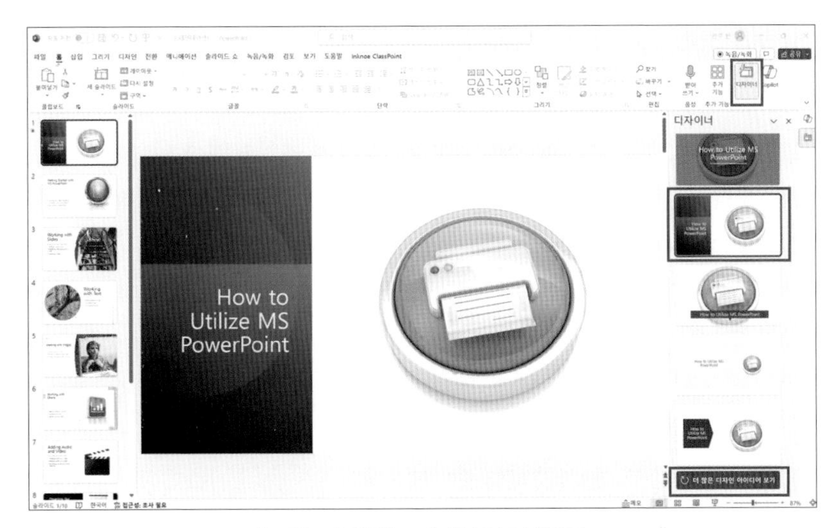

[그림36] 원하는 디자인으로 바꾸기

⑥ 한글로 번역

번역기를 이용해 텍스트를 한글로 번역한다.

[그림37] Deepl 번역기로 영어를 한글로 번역

3) MS 365 Excel의 Copilot

MS 365 Excel의 Copilot은 사용자가 데이터를 더 효과적으로 활용할 수 있도록 돕는다. Microsoft 365 Excel 리본메뉴에서 Copilot을 선택해 채팅창을 열고, 데이터가 포함된 Excel 테이블 내의 셀을 선택한 후 Copilot을 사용할 수 있다.

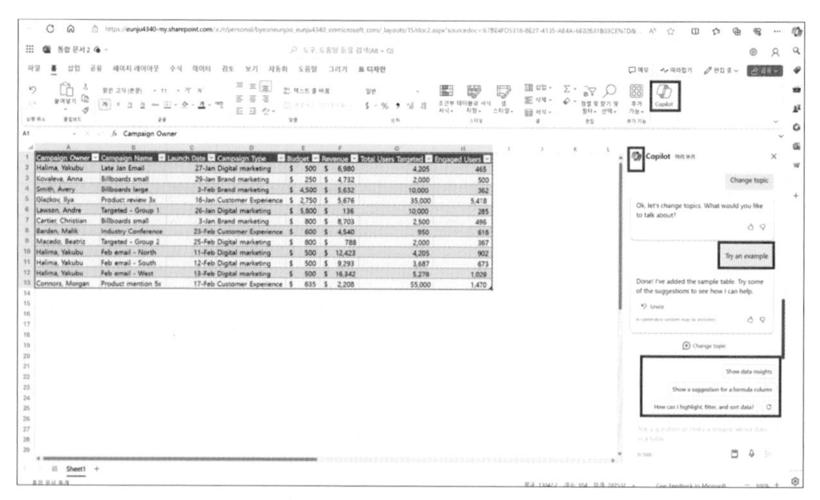

Campaign Owner	Campaign Name	Launch Date	Campaign Type	Budget	Revenue	Total Users Targeted	Engaged Users
Halima, Yakubu	Late Jan Email	27-Jan	Digital marketing	$ 500	$ 6,980	4,205	465
Kovaleva, Anna	Billboards small	29-Jan	Brand marketing	$ 250	$ 4,732	2,000	500
Smith, Avery	Billboards large	3-Feb	Brand marketing	$ 4,500	$ 5,632	10,000	362
Glazkov, Ilya	Product review 3x	16-Jan	Customer Experience	$ 2,750	$ 5,676	35,000	5,418
Lawson, Andre	Targeted - Group 1	26-Jan	Digital marketing	$ 5,800	$ 136	10,000	285
Cartier, Christian	Billboards small	3-Jan	Brand marketing	$ 800	$ 8,703	2,500	496
Barden, Malik	Industry Conference	23-Feb	Customer Experience	$ 600	$ 4,540	950	618
Macedo, Beatriz	Targeted - Group 2	25-Feb	Digital marketing	$ 800	$ 788	2,000	367
Halima, Yakubu	Feb email - North	11-Feb	Digital marketing	$ 500	$ 12,423	4,205	902
Halima, Yakubu	Feb email - South	12-Feb	Digital marketing	$ 500	$ 9,293	3,687	673
Halima, Yakubu	Feb email - West	13-Feb	Digital marketing	$ 500	$ 16,342	5,278	1,029
Connors, Morgan	Product mention 5x	17-Feb	Customer Experience	$ 635	$ 2,208	55,000	1,470

[그림38] MS 365 Excel의 Copilot

Microsoft 365 Excel에서 Copilot의 기능은 다음과 같다.

① 데이터 및 인사이트 분석

Copilot은 데이터를 보고 요약, 차트, 피벗 테이블과 같은 통찰력을 자동으로 제공할 수 있다.

② 데이터 시각화

다양한 차트와 그래프를 만들어 복잡한 데이터 관계와 추세를 파악하는 데 도움을 준다.

③ 시나리오 분석

데이터에 대해 'what-if'라는 가정 하에 질문을 하면 Copilot이 간단한 모델을 만들어 여러 가지 가능한 결과를 살펴보고 필요한 답을 찾을 수 있다.

④ 데이터 탐색 및 이동

흥미롭거나 중요한 부분을 강조 표시하고, 데이터를 필터링해 시간과 노력을 절약할 수 있다.

⑤ 수식 생성

원하는 결과를 기반으로 데이터에 적합한 수식(formula)을 제안할 수 있다. 이렇게 하면 계산이 더 쉬워지고 시간이 절약된다.

6. MS 코파일럿의 다양한 활용 방법

최신 정보와 검색 기능에 중점을 둔 'New Bing'이 새로이 선을 보였다. 코파일럿은 웹페이지 내용의 이해와 창의적 생성에 강점을 둔 반면, New Bing은 최근 정보를 업데이트해 제공하고 주석과 링크 정보를 통해 더 많은 정보에 쉽게 접근할 수 있다.

1) 다른 브라우저와 함께 사용

코파일럿은 웹브라우저와 상호작용하는 독립적인 기능이기 때문에 MS 엣지 브라우저뿐 아니라 다른 브라우저를 사용할 때도 작업 표시줄의 코파일럿을 오른쪽 사이드바에 열어놓고 활용할 수 있다.

2) 업무 효율화

기업 뿐 아니라 개인 비즈니스에 있어서도 업무효율화를 통해 삶과 일에 효율성을 높일 수 있다.

3) 코드 생성

코드를 더 빠르고 효율적으로 작성할 수 있도록 도와준다. 예를 들어 함수의 이름을 입력하면 코파일럿이 해당 함수의 사용 예제를 제공한다.

4) 버그 수정

코드에서 발생할 수 있는 버그를 식별하고 수정하는 데 도움을 준다. 문제의 코드 부분을 입력하면 코파일럿이 해결 방안을 제시한다.

5) 코드 리뷰

코드 리뷰 과정에서 유용한 피드백을 제공해 코드의 품질을 향상시킬 수 있다.

6) 학습 자료

다양한 프로그래밍 언어와 기술에 대한 학습 자료를 제공, 지식을 넓힐 수 있도록 도와준다.

7) 코드 최적화

코드의 성능을 분석하고 최적화하는 데 도움을 준다.

8) 디버깅

디버깅 과정에서 발생할 수 있는 문제점들을 식별하고 해결하는 데 도움을 준다.

9) 프로젝트 관리

프로젝트의 진행 상황을 추적하고 관리하는 데 도움을 준다.

10) 팀 협업

팀원들 간의 협업을 원활하게 해주어 프로젝트의 생산성을 높인다.

11) 개인 맞춤화

사용자의 코딩 스타일과 선호도에 맞춰 개인화된 추천을 제공한다.

Epilogue

스마트폰에서도 코파일럿을 이용할 수 있다. 플레이스토어에서 MS 엣지와 코파일럿, MS 365 등을 설치하고 사용하면 된다. 컴퓨터에서 작업한 내용들을 스마폰에서 확인하고 작업할 수 있어서 효율적이다.

MS 코파일럿은 시, 이야기, 코드, 에세이, 노래, 보고서, 블로그 글, 게시물, 요약 목록 등 다양한 형태의 콘텐츠를 개선하거나 최적화하고 생산적으로 작업할 수 있도록 지원해 새로운 성장 기회를 찾는 데 도움을 준다.

비즈니스 환경에서 MS 코파일럿은 데이터 분석, 보고서 작성, 이메일 초안 작성 등에 사용할 수 있다. 교육 분야에서는 학습 자료 생성, 연구 논문 요약, 언어 학습 지원 등의 용도로 활용될 수 있다. 개인 사용자의 경우는 일상적인 질문에 대한 답변, 여행 계획 수립, 요리 레시피 제안 등 MS 코파일럿의 활용 방법은 매우 다양하다.

삶과 업무의 질을 향상시키는 MS 코파일럿을 발판으로 지식의 대양을 헤엄쳐 나가는 즐거움을 경험하고 새로운 발견과 함께 성장의 기회를 잡을 수 있을 것이다.

[참고문헌]

Microsoft Edge 홈페이지
MS 365 홈페이지
노마드드림, 전자책 '프로 직장러를 위한 인공지능 100% 활용 비법서', 크몽, 2024
변은주, 전자책 '5060을 위한 AI인공지능 가이드북', 크몽, 2023
https://www.youtube.com/watch?v=R5SI-AFvk6A

5

챗GPT와 칼럼 쓰기

유 인 숙

제5장 챗GPT와 칼럼 쓰기

Prologue

AI를 사용해 진화하는 글쓰기

창의성과 표현의 새로운 시대의 문턱에 서 있는 지금, 글쓰기 영역에서 인공지능(AI)의 출현은 전통적인 방법론에서 혁신적이고 기술 중심적인 접근 방식으로의 중요한 전환점을 의미한다. 특히 GPT(Generative Pre-trained Transformer)와 같은 인공지능 모델이 어떻게 글쓰기의 환경을 변화시키고 작가에게 기회를 제공하는지 조명한다.

AI를 창작 과정에 통합하는 것은 스토리텔링의 핵심인 인간의 손길을 대체하는 것이 아니다. 대신, 이전에는 상상할 수 없었던 효율성과 정확성으로 아이디어를 창출하고, 내러티브를 만들고, 작품을 다듬는 작가의 능력을 강화하는 것이다. AI 글쓰기 도우미의 출현으로 모든 개인이 누구나 작가가 될 수 있다.

AI 활용 글쓰기는 주제를 탐구하며 다양한 관점으로 문학 세계를 풍요롭게 하는 것이다. AI의 메커니즘과 창작 과정에서 AI의 역할을 탐구하면서 AI가 글쓰기 영역에 가져오는 가능성을 열린 마음으로 접근하는 것이 중요하다.

책을 통해 AI가 글쓰기에서 어떻게 도움이 되고 작업을 향상케 하는지를 알아보고 챗GPT를 활용해 주제와 목차, 칼럼 쓰기와 이미지를 생성하는 방법을 알아본다.(단, 이미지 생성은 유료 버전만 가능하다.)

1. AI 기반 글쓰기의 시작

1) AI와 AI의 창의적 잠재력 이해

'인공지능(AI)'은 학습, 추론, 자기 교정을 통해 인간 지능을 모방하는 것을 목표로 하는 컴퓨팅 기술의 최전선을 나타낸다. 글쓰기에서 AI의 창의적 잠재력의 핵심은 전례 없는 규모와 복잡성으로 언어를 처리하고 생성하는 능력이다. 이 기능은 방대한 텍스트 데이터를 학습해 광범위한 스타일과 주제에 걸쳐 일관되고 상황에 맞는 관련 콘텐츠를 생성하는 GPT(Generative Pre-trained Transformer)와 같은 모델에 의해 구동된다.

2) 챗GPT의 등장이 글쓰기에 미치는 영향

GPT의 출현은 AI 지원 글쓰기의 분수령이 됐다. OpenAI에 의해 개발된 챗GPT는 문맥, 뉘앙스, 인간 언어의 미묘함을 이해하는 데 있어 놀라운 개선을 보여줘 작가에게 귀중한 도구가 됐다. 아이디어의 초기 브레인스토밍부터 편집 및 퇴고의 최종 단계에 이르기까지 글쓰기 과정에 접근하는 방식의 변화를 촉진했다.

GPT가 글쓰기에 미치는 영향은 다면적이다. 우선, 작가 지망생의 진입 장벽을 크게 낮춰 버튼 클릭만으로 영감을 제공받고 글을 쓸 수 있다. 또한 작가는 자신이 원하는 주제에 따라 새로운 장르와 테마를 탐색할 수 있다.

더욱이 GPT의 언어 번역, 요약, 콘텐츠 생성 역량은 작가가 자신의 영역을 확장하고 전 세계 독자와 소통할 수 있는 새로운 길을 열었다. 연구를 간소화하고, 개요를 생성하는 등 단순한 도구에서 창작 과정의 협력자로 변모했다.

그러나 GPT 및 유사 기술의 출현은 독창성, 저작권, AI로 강화된 환경에서 작가의 진화하는 역할에 대한 의문도 제기된다. 이러한 과제를 해결하면서 우리는 AI의 창의적 잠재력을 활용해 인간의 창의성을 대체하는 것이 아니라 보완하고 향상케 하는 데 중점을 둬야 한다.

글쓰기 세계에 GPT가 도입되면서 인간 지능과 인공지능의 공생이 전례 없는 수준의 혁신과 표현으로 이어질 수 있는 창의성의 새로운 시대가 열렸다. 우리가 AI 활용 글쓰기의 기능을 계속 탐색하고 활용함에 따라 스토리텔링의 예술과 기술을 변화시킬 수 있는 잠재력은 무한하며, 글이 그 어느 때보다 더 접근하기 쉽고 다양하며 매력적으로 다가온다.

2. 챗GPT 설치 및 회원가입

2024년 4월 2일 현재 인공지능(AI)을 궁금해하는 사람들이 보다 쉽게 AI를 경험할 수 있도록 로그인을 없애고 회원가입 없이 챗GPT를 사용할 수 있게 한다고 발표했다. 이는 무료 버전인 챗GPT3.5에 한해서며 채팅 기록을 저장, 공유, 음성 대화사용, 이미지 생성 등은 제한되며 로그인 없이 사용하기는 지역에 따라 적용되는 시기가 다를 수 있다.

1) 챗GPT 회원가입(PC 버전)

Google 검색창에 'ChatGPT'를 입력한 후 엔터를 친다. 검색 결과 중 표시된 아래 이미지를 선택한다.

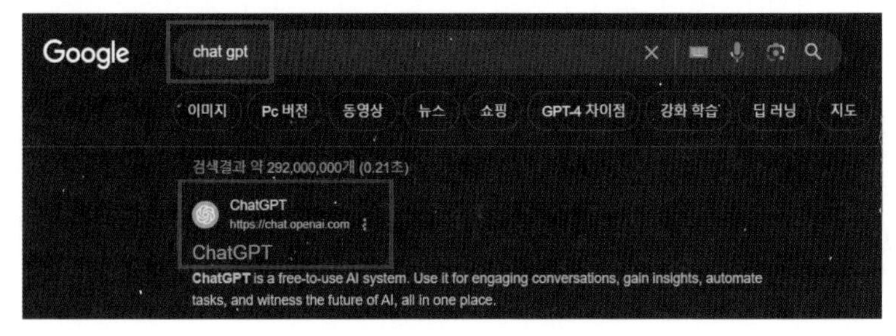

[그림1] 챗GPT 검색

초기 화면이 보이면 'Sign up'을 선택한다.

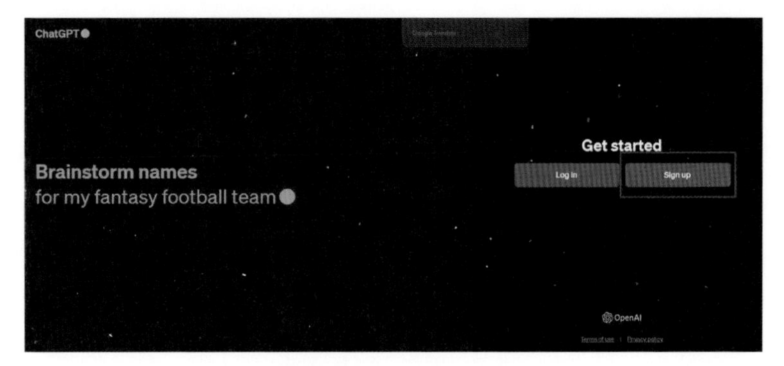

[그림2] 챗GPT 초기 화면

'Google 계정으로 계속'을 선택한다.

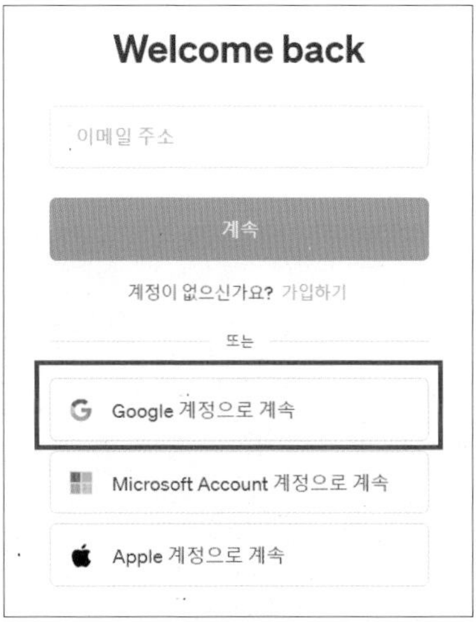

Welcome back

이메일 주소

계속

계정이 없으신가요? 가입하기

또는

Google 계정으로 계속

Microsoft Account 계정으로 계속

Apple 계정으로 계속

[그림3] 가입 화면

'구글 계정으로 계속하기'를 누르면 나오는 창에서 '내 구글 계정'을 선택한다.

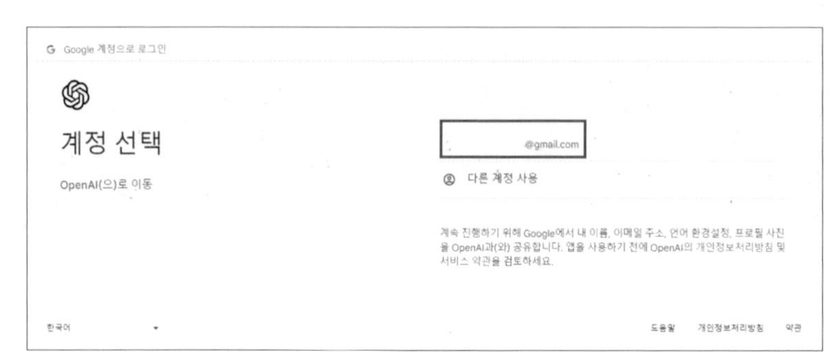

[그림4] 계정 선택

다음과 같은 화면이 보이면 표시부분에 '프롬프트'를 넣어 챗GPT와 대화를 시작한다. 프롬프트를 입력 후 화살표를 넣어야 대화가 생성된다.

[그림5] 채팅 화면

핸드폰과 PC 버전이 서로 연동되므로 상황에 따라 PC와 모바일 중 자유롭게 선택해 사용한다.

2) 챗GPT 회원가입(모바일 버전)

핸드폰에서 사용하기 위해서는 플레이스토어에서 '챗GPT'를 설치 및 가입 후 사용한다. 핸드폰 바탕화면에서 'Play 스토어'를 누른다.

[그림6] Play 스토어

플레이스토어에서 '챗GPT'를 검색 후 '설치'를 누른다.(검색 시 가장 먼저 보이는 로고는 광고이므로 선택하지 않는다.) 이미지에서 보이는 것처럼 흰 바탕에 까만선으로 된 아이콘이 맞는지 확인 후 설치를 진행한다.

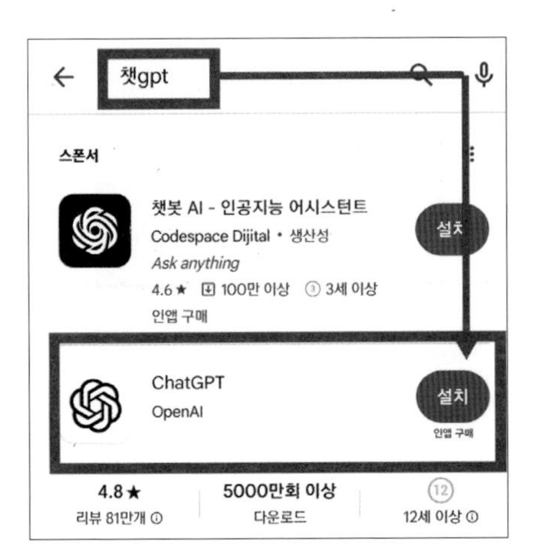

[그림7] 검색 및 설치

챗GPT 설치가 완료되면 '열기'를 눌러준다.

[그림8] 열기

'Continue with Google'을 선택한다.

[그림9] Continue with Google

*최근 업데이트 이후 위 그림에서 보이는 챗GPT라고 쓴 배경과 글자가 계속 바뀐다는 점 참고 바란다.

Google 계정으로 로그인 화면이 나오면 '구글 계정'을 선택한다.

[그림10] 계정 선택하기

아래와 같은 문구가 나오면 'continue'를 눌러준다.

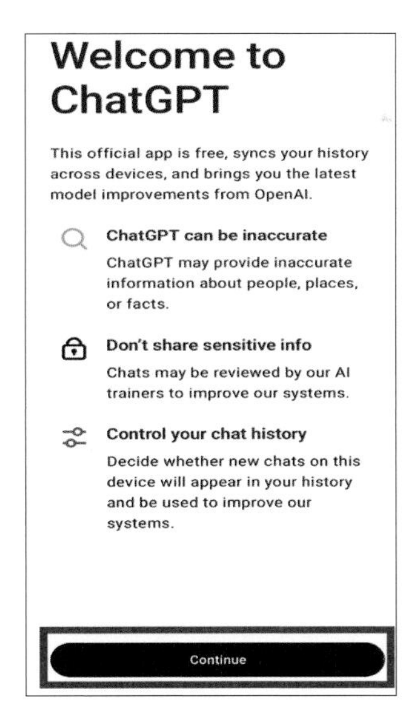

[그림11] Continue

다음과 같은 화면이 보이면 표시부분에 글을 입력해 챗GPT와 대화를 시작한다.

[그림12] 입력 화면

3. 프롬프트

1) 프롬프트의 이해

프롬프트는 원하는 정보나 결과를 얻기 위해 입력하는 질문이나 명령이다. 프롬프트를 통해 챗GPT에게 특정 작업을 수행하도록 요청할 수 있다. 좋은 프롬프트는 명확한 지침을 제공하며 이를 통해 더 정확하고 유용한 결과를 얻을 수 있다.

2) 프롬프트의 원칙

(1) 명확성

질문이나 요청이 명확해야 한다. 의도와 목적을 정확히 이해할 수 있도록 구체적으로 작성한다.

(2) 구체성

무엇을 원하는지, 어떤 형식의 답변을 기대하는지 명확해야 한다.

(3) 직접성

간단하고 직접적인 언어를 사용한다. 너무 많은 배경 설명이나 불필요한 정보는 피하는 것이 좋다.

(4) 예시 제공

충분한 배경 정보나 문맥을 제공한다.

(5) 유연성

항상 정확한 답변을 제공하는 것은 아니므로 여러 가지 방식으로 질문을 시도해 본다. 한 번의 시도로 원하는 답변을 얻지 못했다면, 다른 방식으로 질문을 재구성해 보는 것도 좋다. 질문을 추가하고 확장하며 원하는 답을 얻어낼 수 있다.

예를 들어, 특정 주제에 대한 글을 작성하려고 할 때, 첫 번째 시도에서 원하는 결과를 얻지 못했다면 다른 관점이나 접근 방식을 시도한다.

'기후 변화에 대한 에세이를 써줘'라고 하기보다는 '기후 변화의 영향과 이에 대응하기 위한 재생 가능 에너지 사용의 중요성을 강조하는 논증적 에세이를 써줘. 서론에는 최근 기후 변화 관련 사건을 예로 들고, 본론에서는 재생 가능 에너지의 예와 통계를 사용해 주장을 뒷받침해 줘. 결론에서는 개인과 정부가 취할 수 있는 행동에 대해 제안해 줘'라고 하는 것이 더 좋은 결과를 얻을 수 있다.

어떤 프롬프트를 사용하느냐에 따라 결과가 달라지기 때문에 위의 원칙을 잘 지켜서 작성하면 좋다.

3) 프롬프트 작성 요령

(1) 역할 지정 프롬프트 예시

당신은 중세 시대의 [역사가]입니다. 중세 유럽의 사회와 문화에 대한 안내서를 작성하려고 합니다. [주요 내용]은 경제, 사회 계급, 종교 및 일상생활이며 [대상]은 역사에 대한 기본 지식이 있는 고등학생과 대학생입니다.

(2) 작업 지시 프롬프트 예시

당신의 임무는 현대 사회에서(자기 관리의 중요성)에 대해 작성하는 것입니다. 자기 관리의 방법, 중요성, 그리고 일상생활에서 자기 관리를 실천할 수 있는 구체적인 방법들을 소개해야 합니다.

(3) 예시문 제공 프롬프트 예시

다음 문장으로 시작하는 이야기를 써주세요: '태양이 지평선 아래로 사라지는 순간, 마을에는 긴장감이 감돌기 시작했다. 오늘 밤이 바로 그 밤이었다.' 이야기는 작은 마을에서의 신비한 사건을 중심으로 전개돼야 하며, 주인공은 젊은 마법사가 돼야 합니다.

(4) 결과물 형식 지정 프롬프트 예시

대화 형식으로 작성해야 합니다. 주제는 두 친구 사이의 대화를 통해 기후 변화의 심각성과 개인이 실천할 수 있는 ESG 실천에 대해 탐구하는 것입니다. 대화는 정보를 주면서도 친근감 있으며, 독자가 쉽게 이해할 수 있도록 해야 합니다.

4. 챗GPT와 칼럼 쓰기

'AI가 실생활에 미치는 영향'이라는 주제로 칼럼을 쓰려고 정했다면 다음과 같이 입력한다.

'당신은 [과학기술과 인문학에 밝은 20년 차 연구원]입니다. [AI가 실생활에 미치는 영향에 대한 칼럼]을 작성하려고 합니다. 주요 내용은 AI 기술의 발전, 일상생활에의 적용 사례, AI 윤리 및 사회적 영향, 그리고 미래 전망이며, 대상은 기술에 관심이 있는 일반 대중입니다. 제목을 10개 뽑아 주세요'라고 프롬프트를 입력 후 옆에 있는 화살표를 누른다. 화살표를 누르지 않을 경우 대화가 생성되지 않는다.

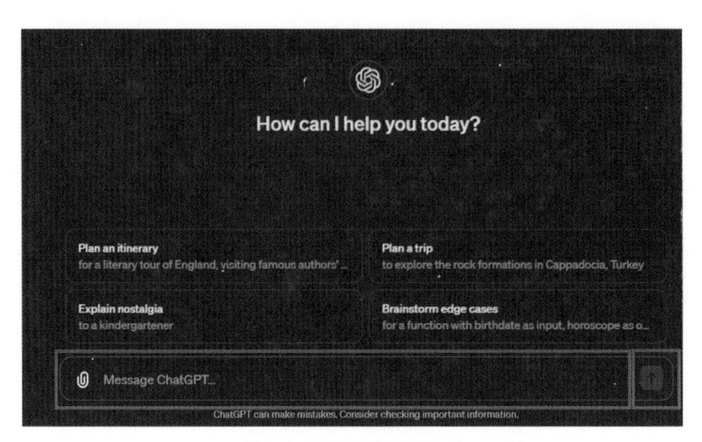

[그림13] 프롬프트 입력창

다음은 챗GPT가 생성한 제목이다.

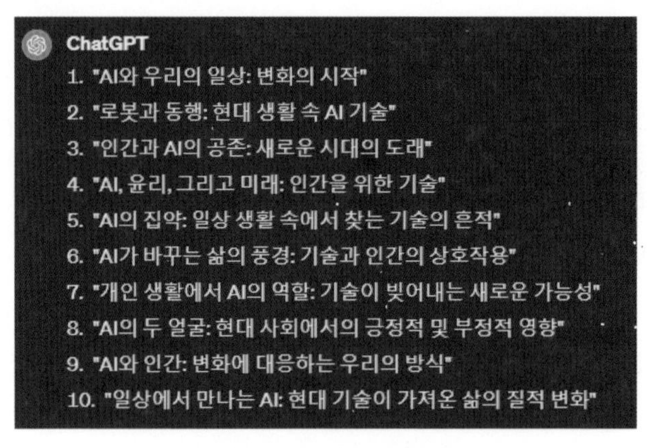

[그림14] GPT가 생성한 제목

이 중 마음에 드는 제목이 있으면 선택하고 추가 질문을 한다. 마음에 드는 제목이 없을 경우 다시 요청한다.

①번의 연필 모양을 눌러 새 대화창(new chat)으로 새로운 대화를 이어간다.(new chat은 기존 대화와 다른 내용의 질문을 하거나 먼저 생성한 결과와 다른 결과를 원할 때 사용한다. 챗GPT는 그동안의 대화 내용을 기반으로 답을 주기 때문에 비슷한 결과를 생성할 수 있다.)

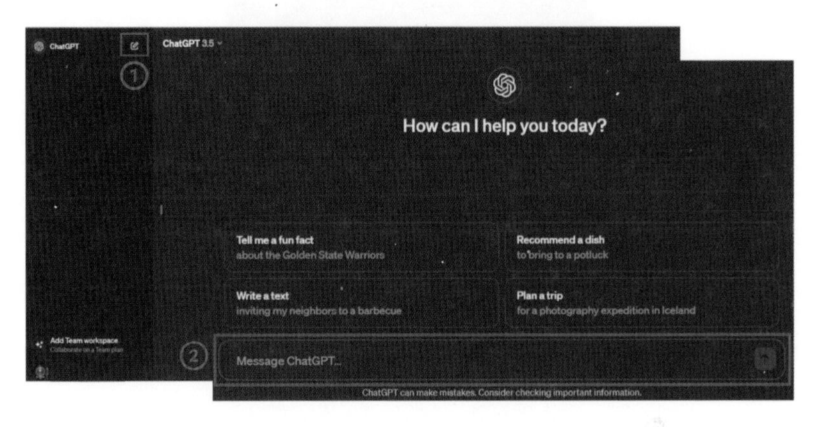

[그림15] new chat

필자는 [그림14]의 제목 중 ①번 'AI와 우리의 일상'을 선택해 글을 작성하려 한다. ②번에 'AI와 우리의 일상: 변화의 시작"의 목차를 3개 뽑아주세요'라고 채팅창에 입력하니 3개의 목차와 세부 목차도 함께 작성해 준다.

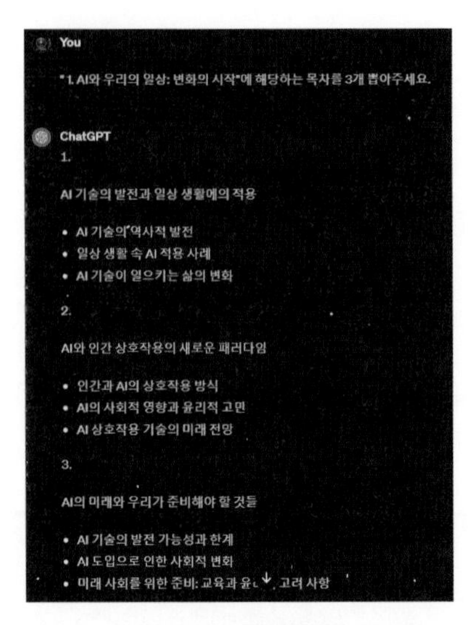

[그림16] 목차 생성

이번에는 목차 '1. AI 기술의 발전과 일상생활에의 적용'에 들어갈 내용을 작성해 달라고 요청하자 다음과 같이 답한다.

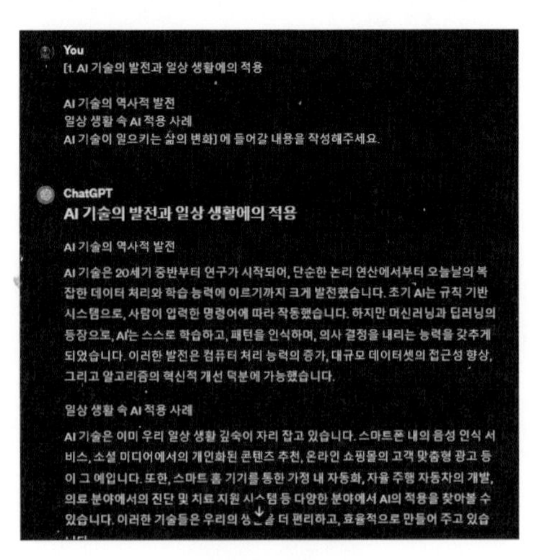

[그림17] 내용 작성

앞과 같은 방법으로 나머지 2, 3번에 해당하는 내용도 작성해 달라고 요청한다. 글이 모두 완성되면 '한글'이나 '메모장' 등의 프로그램을 열어 챗GPT가 생성해 준 글을 복사(Ctrl+C) 후 프로그램에 붙여 넣는다.(Ctrl+V)

붙여 넣은 글을 수정·편집한다. 전체 글을 읽고 문맥에 맞게 다듬는다. 영어 기반의 챗GPT가 한글로 번역하면 이해할 수 없는 글을 생성하기도 하기 때문이다. 편집을 통해 좀 더 자연스럽게 고쳐준다.

블로그에 글을 발행할 경우에도 위와 같은 방법으로 다시 옮겨쓴다. 챗GPT가 생성한 글을 복사해서 바로 붙여 넣을 경우 [그림18]과 같이 글자 뒤 배경색이 까맣게 나오기 때문이다.

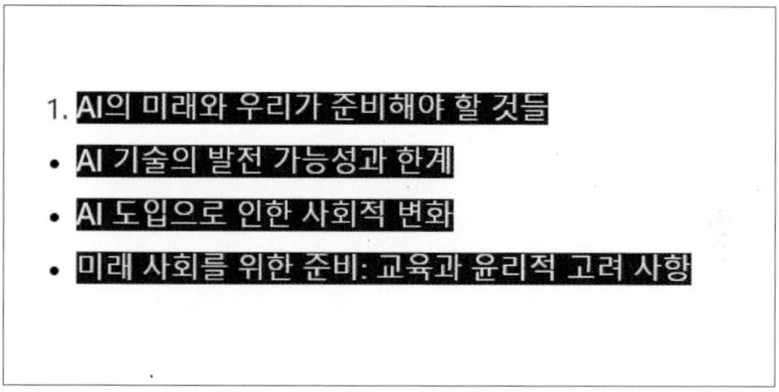

1. AI의 미래와 우리가 준비해야 할 것들
- AI 기술의 발전 가능성과 한계
- AI 도입으로 인한 사회적 변화
- 미래 사회를 위한 준비: 교육과 윤리적 고려 사항

[그림18] 블로그에 바로 붙여 넣은 경우

내용을 모두 생성한 후에 에필로그와 프롤로그 작성도 요청한다.

프롬프트 : 위의 내용들을 바탕으로 프롤로그를 작성해 줘.

[그림19]와 같이 프롤로그를 작성했다.

디지털 지평선 너머로 새벽이 밝아오면서 심오한 변화가 우리 눈앞에서 펼쳐지고 있습니다. 우리 일상의 이야기는 잉크와 종이가 아닌 알고리즘과 데이터로 다시 쓰여지고 있습니다. 한때 공상 과학의 영역으로 치부되었던 먼 개념이었던 인공 지능은 이제 우리 일상 생활의 필수적이고 부인할 수 없는 부분이 되었습니다. "AI와 우리의 일상생활: 변화의 시작"이라는 제목의 이 칼럼은 이러한 통합의 깊이와 그것이 우리 사회 구조 전반에 생성하는 파급력을 탐구하는 것을 목표로 합니다.

오늘날 우리가 살고 있는 세상은 불과 10년 전의 세상과 확연히 달라 보입니다. 우리의 집, 직장, 공공장소에는 이제 편의성, 효율성, 향상된 연결성을 약속하는 AI 기반 기술이 탑재되어 있습니다. 우리의 일정을 관리하는 가상 비서부터 생활 환경을 제어하는 스마트 장치에 이르기까지 AI의 존재는 어디에나 있고 확장되고 있습니다.

이 프롤로그에서 우리는 이 새로운 현실의 층위를 밝히기 위한 여정을 시작합니다. 우리는 AI가 어떻게 단순한 도구가 아니라 변혁의 힘이 되어 우리의 상호 작용, 결정, 인식 자체를 재구성하는지 알아볼 것입니다. AI가 우리의 일상과 교차하는 수많은 방식을 탐색하면서 독자들에게 이러한 변화가 인간성, 개인 정보 보호 및 사회 규범의 본질에 어떤 영향을 미치는지 생각해 보도록 권유합니다.

호기심과 비판적 사고로 이 시대의 복잡성을 헤쳐나갈 준비를 갖추고 앞으로 나아갑시다. 함께.

[그림19] GPT가 생성한 프롤로그

에필로그도 작성해 본다.

프롬프트 : 위의 내용들을 바탕으로 에필로그를 작성해 줘.

기술 혁명의 문턱에 서 있는 지금, 인공 지능을 일상 생활에 통합하는 것은 불가피할 뿐만 아니라 이미 현실이 되었습니다. 오늘날 우리가 목격하는 발전은 빙산의 일각에 불과하며, 우리가 살고, 일하고, 상호 작용하는 방식에 엄청난 변화가 있음을 나타냅니다. 로봇이 일상적인 집안일을 돕고 디지털 상호 작용이 도시 구조에 원활하게 엮여 있는 묘사된 장면은 먼 공상 과학 소설이 아니라 우리가 밟고 있는 가까운 미래입니다.

AI와 함께하는 이 여정은 단순한 기술 혁신 그 이상입니다. 이는 사회 구조를 재구상하고, 인간의 능력을 향상시키며, 새로운 도구를 사용하여 복잡한 문제를 해결하는 것입니다. 이 새로운 시대를 헤쳐나가면서 우리는 AI가 무엇을 할 수 있는지에만 초점을 두는 것이 아니라 AI가 어떻게 우리에게 더 나은 서비스를 제공하고 우리의 삶을 더 편리하고 안전하며 더 상호 연결되게 만들 수 있는지에만 초점을 맞춰야 합니다.

AI를 수용할 때 우리는 이러한 기술이 윤리적 고려와 포용성을 최우선으로 두고 개발 및 배포되도록 주의 깊게 진행해야 합니다. 묘사된 미래는 단지 인간의 독창성과 기술적 능력에 대한 이야기가 아니라 AI를 우리 사회 구조 자체에 사려 깊게 통합하기 위한 행동을 촉구하는 것입니다.

이 장을 마무리하고 미래를 내다보면서, 우리가 소중히 여기는 가치를 경계하는 수호자로서 일상 생활을 향상시키는 AI의 엄청난 잠재력을 인식하면서 낙관주의와 책임감을 가지고 앞으로 나아갑시다. 기술과 인류 사이의 대화는 계속되고 있으며, 이를 통해 진보, 형평성, 공동 번영에 대한 이야기를 전달하는 것은 우리에게 달려 있습니다.

[그림20] GPT가 생성한 에필로그

내용 작성이 모두 끝나면 칼럼에 넣을 이미지도 만들어 본다. 이미지 역시 챗GPT를 이용해 생성한다.

GPT4에는 DALL-E라는 그림 생성 AI가 들어있어, 입력한 텍스트 설명을 기반으로 창의적이고 다양한 스타일의 이미지를 만들어 낸다. 사용자가 원하는 이미지의 스타일이나 특정 요소를 자세히 설명하면, 정보를 기반으로 이미지를 생성한다.

이미지 생성은 챗GPT4(유료 버전)에서 사용할 수 있는 기능으로 구독과 결제를 통해 사용이 가능하다.(부가세를 포함한 월 구독료는 22USD이며 결제금액은 환율에 따라 달라진다. 2024년 4월 11일 기준으로 30,654원이 결제됐다.)

유료 구독 방법은 다음과 같다.([그림21] 참고)

① 상단 챗GPT 3.5를 누르고 ② GPT-4 선택 후 ③ Upgrade to Plus를 클릭한다.

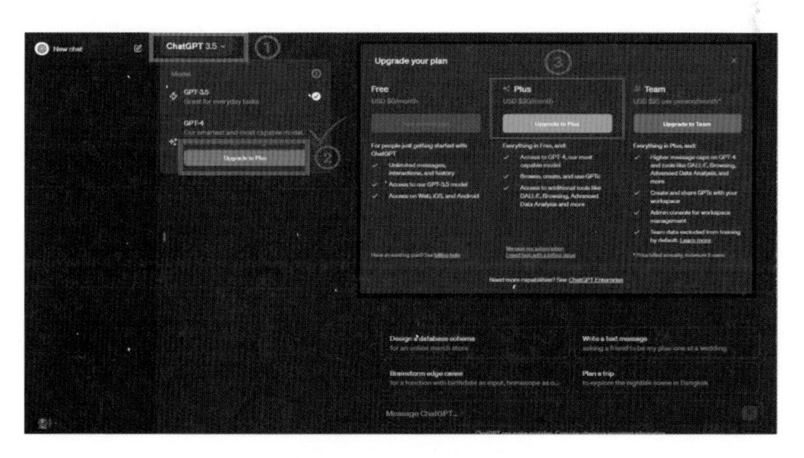

[그림21] 챗GPT4 선택

다음과 같이 카드 정보와 주소 정보 등 표시한 부분을 모두 입력 후 개인 정보 동의 항목에 체크 후 구독하기를 누른다.

[그림22] 카드 정보 입력

다음과 같이 'Payment Successful'이 나오면 구독이 완료된다.

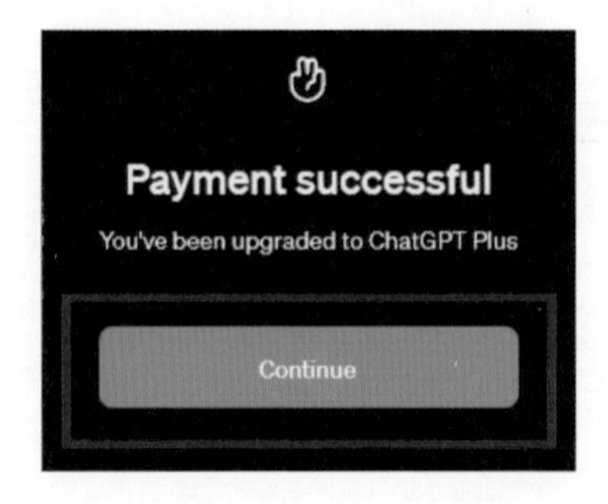

[그림23] 결제 완료 화면

유료 구독의 경우 매월 구독일이 되면 자동으로 결제가 이뤄진다. 사용을 원치 않을 경우 미리 구독 해지 신청을 한다. 해지 신청을 먼저 할 경우에도 결제한 한 달간 사용이 가능하니 잊지 말고 신청한다. 써보고 결정할 예정이라면 다음 결제일을 메모한다.

구독 해지 절차는 다음과 같다.([그림24] 참고)

① 내 프로필 아이콘 선택 ② My plan 선택 ③ Manage my subscription I need help with a biling issue를 클릭한다.

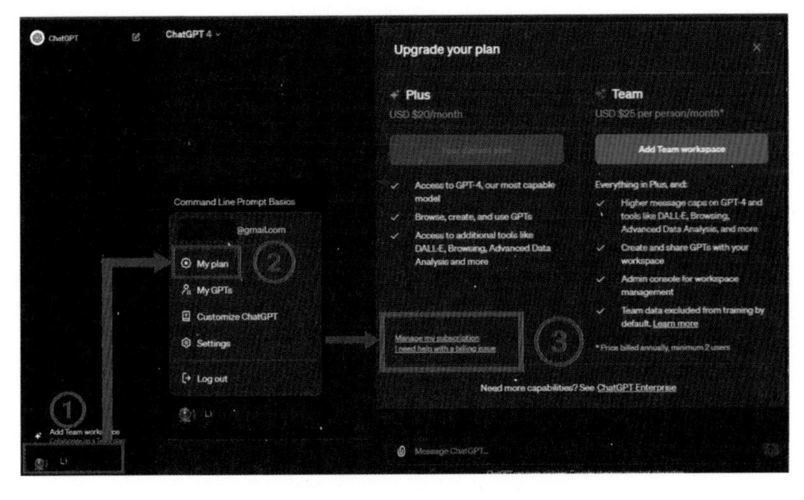

[그림24] GPT-4 유료 구독 취소

플랜 취소 창이 나오면 하단의 '플랜 취소'를 클릭한다.

[그림25] 플랜 취소 화면

플랜 취소 후 취소 사유에 관한 설문(Q1, Q2, Q3)이 나오면 순서대로 선택한다.

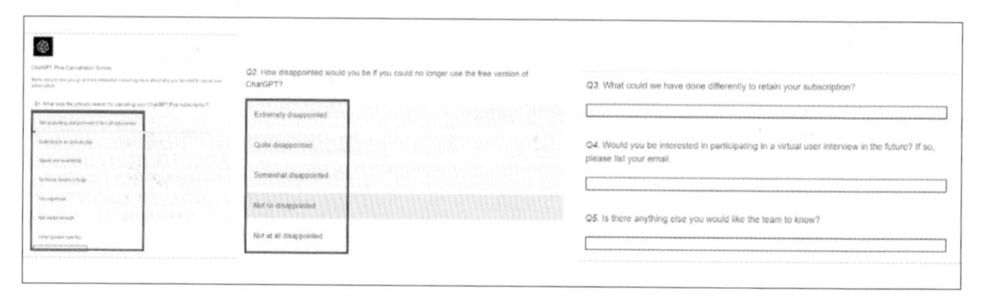

[그림26] 취소 설문

칼럼에 사용할 이미지도 요청한다.

프롬프트 : 'AI가 실생활에 미치는 영향'이라는 주제로 칼럼을 쓸 거야. 칼럼에 사용할 이미지를 그려줘.

[그림27]과 같은 그림이 생성됐다. 그림 위에 마우스를 가져가면 표시한 것처럼 다운로드 아이콘이 보이고 이 아이콘을 누르면 컴퓨터 다운로드 폴더 안에 저장된다.

[그림27] GPT4가 생성한 이미지

Epilogue

이제 독자 여러분은 'AI와 칼럼 쓰기'의 마지막 장을 넘겼다. 책을 통해 AI, 특히 챗GPT의 기본적인 이해부터 챗GPT 가입과 칼럼 쓰기, 이미지 생성까지 다양한 지식과 기술을 배웠다. 이 책이 칼럼 쓰기와 챗GPT 사용에 도움이 됐기를 바란다.

앞서 소개한 내용들은 단순히 글을 쓰는 기술을 넘어서, 인공지능과의 협력을 통해 우리의 창의력을 어떻게 확장할 수 있는지에 대한 가능성을 탐구하는 것이었다. AI는 단순히 도구 이상의 역할을 할 수 있으며, 생각과 아이디어를 글로 바꾸는 데 있어 협력자가 될 수 있다.

하지만 AI의 활용은 여기서 멈추지 않는다. 기술은 계속해서 발전하고 있고, 앞으로도 새로운 형태의 AI가 등장해 글쓰기와 커뮤니케이션의 패러다임이 더욱 발전할 것이다. 우리는 이러한 변화에 유연하게 대응하면서, 동시에 인간 고유의 감성과 창의성을 유지하는 방법을 항상 고민해야 한다.

'AI와 칼럼 쓰기'를 읽으며 얻은 지식을 바탕으로, 독자 여러분 각자의 글쓰기에 AI를 어떻게 적용할지, 그리고 어떻게 자신의 목소리를 더욱 효과적으로 표현할지 고민해 보는 계기가 됐기를 바란다. 인공지능과의 협업으로 여러분의 창의력이 더욱 빛나길 바라며, 이 책이 그 시작점이 됐기를 기대한다.

AI 마케팅의 미래, '블로그' 콘텐츠 창조와 최적화

유 채 린

제6장
AI 마케팅의 미래,
'블로그' 콘텐츠 창조와 최적화

Prologue

인공지능(AI)의 등장은 마케팅 분야에 혁명적인 변화를 가져왔다. 전통적인 마케팅 방식에서 디지털 마케팅으로의 전환은 이미 큰 변화였지만 AI의 도입은 이를 한 단계 더 발전시켜 마케팅 패러다임 자체를 변화시키고 있다. AI 기술의 발전은 마케팅 전략과 실행 방식에 근본적인 변화를 가져오고 있으며 이는 기업들이 소비자와 소통하는 방식에도 영향을 미치고 있다.

최근 정보 기술과 디지털 변환의 급속한 발전은 비즈니스 환경, 특히 마케팅 관리에 큰 변화를 가져왔다. AI의 도입은 마케팅 활동의 근본적인 패러다임 변화를 초래했으며 이는 기술, 고객, 경쟁에 대한 새로운 이해를 필요로 한다.

인공지능(AI) 기술이 마케팅 분야에 도입되면서 기업들은 소비자 행동을 예측하고 개인화된 경험을 제공하는 새로운 방법을 모색하게 됐다. 이러한 변화는 마케팅 패러다임을 근본적으로 바꿔 놓았으며 특히 소셜 미디어 마케팅에서 AI의 영향력은 매우 크다. AI는 데이터 분석, 소비자 행동의 이해, 콘텐츠 생성, 고객 서비스 개선 등 다양한 방면에서 마케팅 전략을 강화한다.

AI의 등장은 마케팅 전문가들에게 더욱 정교하고 효율적인 도구를 제공하며 이는 고객의 니즈를 더욱 정확하게 파악하고 만족시키는 데 도움을 줄 수 있다. 예를 들어, AI는 소셜 미디어 플랫폼에서 사용자의 반응과 상호작용을 분석해 가장 효과적인 콘텐츠 유형이나 게시 시간을 결정할 수 있다. 또한 AI는 고객의 이전 구매 이력이나 온라인 행동을 기반으로 개인화된 추천을 제공함으로써 맞춤형 마케팅 캠페인을 실행할 수 있도록 돕는다.

AI 기반 소셜 미디어 도구는 타깃 마케팅 전략과 스마트 데이터 분석을 통해 비즈니스에 인사이트를 제공한다. 이를 통해 기업들은 보다 효과적인 마케팅 전략을 수립할 수 있다.

소셜 미디어 마케팅에서 AI의 역할은 단순히 데이터 분석에 그치지 않는다. AI는 챗봇이나 가상 고객 서비스 대표를 통해 고객과의 실시간 상호작용을 가능하게 하며 이는 고객 만족도를 높이고 브랜드 충성도를 강화하는 데 기여한다. AI 기반의 챗봇은 고객 문의에 신속하게 대응하고 개인화된 정보를 제공해 고객 경험을 향상케 한다.

AI 기술의 부상은 디지털 발전과 아날로그 접근 방식이 공존하는 새로운 시대를 열고 있다. 이는 마케팅 분야에서도 예외가 아니며 AI는 마케팅 전략의 수립과 실행에 있어 중요한 역할을 하고 있다.

AI 마케팅의 미래는 무궁무진하며 계속 확장될 것이다. 인공지능 기술이 마케팅 전략에 통합됨에 따라 전통적인 방법과 디지털 전략이 어우러

져 새로운 마케팅 패러다임을 형성하게 된다. 이는 모든 마케터가 주목해야 할 중대한 전환점이기도 하다.

이처럼 AI는 마케팅 전략의 모든 단계에서 중요한 역할을 하며, 특히 소셜 미디어 마케팅에서 그 중요성이 더욱 부각된다. AI를 활용한 마케팅은 기업에게 경쟁 우위를 제공하고, 소비자에게는 더욱 풍부하고 개인화된 쇼핑 경험을 선사할 수 있다. 따라서 AI 마케팅은 앞으로도 지속적으로 발전할 것이며 마케팅 분야에서 새로운 지평을 열 것으로 기대되는 바다.

1. 블로그 마케팅 기초 이해

'블로그 마케팅'은 기업이 블로그에 제공하는 콘텐츠를 통해 고객과 소통하고 브랜드 인지도를 높이는 전략을 말한다. 비용 효율적이면서도 매우 효과적인 마케팅 방법으로 검색 엔진 최적화(SEO)에서 중요한 역할을 하며 특정 주제에 대한 유용한 정보와 전문 지식을 제공함으로써 브랜드 인지도, 트래픽, 신뢰도를 증가시킬 수 있다.

1) 블로그 마케팅의 개념과 목표

블로그 마케팅은 디지털 시대의 주요 마케팅 도구로써 기업이나 개인이 자신의 브랜드, 제품 또는 서비스를 효과적으로 홍보할 수 있는 방법이다. 이 전략은 정보 제공, 교육, 또는 엔터테인먼트를 제공하며 타겟 오디언스와의 연결강화를 목표로 한다. 이처럼 블로그는 소통의 창구로써 고객과의 신뢰를 구축하고 브랜드 로열티를 증가시키는 데 중요한 역할을 한다.

블로그 마케팅은 기업과 브랜드가 고객과 소통하고 검색 엔진 최적화(SEO)를 통해 노출을 증가시켜 트래픽을 늘리고 잠재 고객을 유치하는 플랫폼이다. 비즈니스 성장, 브랜드 인지도 향상, 소셜 미디어 콘텐츠 공유를 통한 네트워크 확장 등의 이점을 제공하는 역할을 한다.

마케팅 효과를 달성하기 위한 목표는 경쟁에서 우위를 점하고 치열한 경쟁에서 단 1%의 블로그만이 성공하는 환경에서 돋보이는 블로그를 만드는 것이다.

2) SEO의 기본 원리와 작동 방식

'SEO(Search Engine Optimization, 검색 엔진 최적화)'는 블로그 콘텐츠가 검색 엔진에서 더 잘 노출되도록 하는 기술을 뜻한다. 블로그 마케팅에서 SEO는 검색 엔진에서 블로그의 가시성을 높이는 기술로 매우 중요한 역할을 한다. SEO의 기본 원리는 키워드 최적화, 백링크 구축, 메타데이터 최적화를 통해 검색 엔진의 알고리즘에 맞게 콘텐츠를 조정하는 것이다. 이러한 최적화 작업은 검색 결과에서 높은 순위를 달성해 더 많은 방문자를 유치하고 결국 블로그의 가시성과 영향력을 높이는 데 도움이 된다. 이는 블로그의 트래픽을 증가시키고 잠재 고객에게 도달하는 데 도움을 준다.

블로그 마케팅의 성공은 정기적이고 일관된 콘텐츠 업데이트, 타겟 오디언스의 니즈에 맞는 내용 제공, SEO 기법의 효과적 적용에 달려 있다. 이는 디지털 마케팅 전략의 핵심 요소로서 효과적인 브랜드 커뮤니케이션을 위한 기반을 마련한다.

[그림1] SEO 최적화 콘텐츠 생성 시각화(출처 : 코파일럿 생성)

검색 엔진은 웹페이지의 콘텐츠를 크롤링하고 인덱싱해 사용자의 검색 쿼리에 가장 관련성 높은 결과를 제공한다. SEO는 이러한 검색 엔진의 알고리즘을 이해하고 최적화하는 과정을 말한다. '콘텐츠의 품질, 사용자 경험, 사이트의 기술적 최적화' 등이 중요한 요소로 작용한다.

블로그 마케팅과 SEO는 디지털 마케팅 전략에서 중요한 역할을 한다. 이를 통해 기업은 브랜드 인지도를 높이고, 잠재 고객과의 관계를 강화할 수 있게 된다. AI 마케팅의 미래에서도 블로그 마케팅의 중요성은 계속해서 강조될 것이다.

2. AI 기반 콘텐츠 생성의 원리

AI 마케팅의 핵심은 '자연어 처리(NLP)'와 '기계 학습(ML)'의 효과적인 활용에 있다. AI 기반 콘텐츠 생성은 자연어 처리(NLP)와 기계 학습(ML) 기술을 활용해 고품질의 콘텐츠를 자동으로 생성하는 혁신적인 방법이다. 이 기술은 마케팅 전략을 획기적으로 변화시키고 있으며, 블로그 콘텐츠 창조와 최적화에 있어 중요한 역할을 하고 있다.

1) 자연어 처리와 콘텐츠 생성

자연어 처리는 컴퓨터가 인간의 언어를 이해하고 생성하는 데 필수적인 기술로 블로그 콘텐츠 생성에 있어 중심적인 역할을 하고 있다. 이 기술을 통해 AI는 주제나 키워드에 기반한 맥락적이고 의미 있는 문장을 구성할 수 있다.

NLP는 텍스트 데이터를 분석해 패턴, 감정, 개체, 관계 등을 식별하는 반면, NLG는 구조화된 데이터를 인간이 이해할 수 있는 자연어 텍스트로 변환하는 과정을 말한다. 예를 들어, NLP는 사용자의 텍스트를 이해하고 적절한 응답을 찾거나 작업을 수행하는 데 사용되며, NLG는 구조화된 데이터를 가져와 사용자에게 전달할 수 있는 자연어 텍스트로 변환하는 과정이다.

[그림2] 자연어 처리 관련 AI 생성 이미지(출처 : 달리 3 생성)

2) 기계 학습을 이용한 타겟 콘텐츠 전략

기계 학습은 이러한 콘텐츠 생성 과정을 더욱 향상케 하는데 특히 타겟 콘텐츠 전략의 개발에 중요하다. 데이터 분석을 통해 사용자의 반응과 행동 패턴을 학습하고 이를 기반으로 최적화된 콘텐츠를 제안하며 관심사와 행동 기반의 맞춤 콘텐츠를 제공한다. 예를 들어, AI는 사용자의 과거 상호작용 데이터를 분석해 특정 주제에 대한 선호도를 파악하고 이 정보를 사용해 사용자가 관심을 가질 가능성이 높은 콘텐츠를 자동으로 생성할 수 있다.

AI 기반 콘텐츠 제작 도구는 NLP, ML 및 딥 러닝(DL) 알고리즘을 사용해 고품질 콘텐츠를 생성한다. 이러한 도구는 데이터를 분석하고 패턴을 식별하고 알고리즘을 사용해 청중에게 유익하고 매력적이며 관련된 콘텐츠를 만드는 데 도움을 준다.

이 두 기술의 결합은 마케팅 전략을 데이터 주도적이고 자동화된 방향으로 이끌며, 이는 비용 효율성을 높이고 시간을 절약하며 전반적인 콘텐츠의 질을 향상시킬 수 있다. 또한 AI의 도입은 타겟팅의 정확성을 높이고 개인화된 마케팅 경험을 제공해 사용자 만족도와 참여도를 증가시키는 데 기여한다.

AI 기반 콘텐츠 생성은 마케팅 전략에 혁신을 가져오고 있다고 해도 과언이 아니다. 자연어 처리와 기계 학습을 활용해 고품질의 콘텐츠를 자동으로 생성함으로써 기업은 더 많은 청중에게 도달하고 브랜드 인지도를 높이며 고객 참여를 증진시킬 수 있다. AI 마케팅의 미래에서 이러한 기술의 역할은 더욱 중요해질 것이다.

3. 블로그 콘텐츠 최적화를 위한 AI 도구

인공지능(AI) 기술의 발전은 블로그 콘텐츠 관리 및 사용자 참여도를 높이는 데 있어 혁신적인 변화를 일으키고 있다. AI를 활용한 콘텐츠 관리 시스템(CMS)과 사용자 참여도 향상 기법은 블로그 마케팅의 효율성과 효과를 극대화한다.

블로그 콘텐츠 최적화는 독자의 관심을 끌고 검색 엔진 순위를 높이며 전반적인 사용자 경험을 개선하는 데 중요하다. AI 기술은 이러한 최적화 과정을 자동화하고 개인화해 더 효과적이고 효율적인 방법으로 만든다.

효율적인 방법으로 블로그 콘텐츠를 작성하기 위해서는 다양한 도구를 활용할 수 있다. 블로그 작성 시간 줄여주는 사이트 5가지를 소개한다.

도구 활용	도구의 내용	URL
가제트 AI	블로그 자동 글쓰기	https://gazet.ai/signup?i=H6Z1SF0
릴리스 AI	유튜브, 웹사이트, PDF 요약 생성	https://lilys.ai/
유튜브 변환	유튜브 음성 텍스트 변환, 구글 크롬 확장 프로그램	https://shorturl.at/cdpFT
M자비스	카톡에서 키워드 검색량 분석	카카오채널 검색 〉 'M자비스'
데이터 랩 툴즈 헬퍼	데이터 랩 툴즈의 분석 기능과 부가 기능을 추가해 주는 마케팅 도구, 구글 크롬 확장 프로그램	https://lrl.kr/Fsk9

[표1] 저자가 사용하는 블로그 작성 시간 줄여주는 사이트 5가지

[그림3] 가제트 AI 메인 화면

[그림4] 데이터 랩 툴즈 헬퍼 작동 화면, 글자수/키워드/시간/모바일 최적화 등 표시

1) 콘텐츠 관리 시스템(CMS)에서의 AI 활용

현대의 CMS는 AI를 통해 사용자의 행동 패턴을 분석하고 이를 바탕으로 콘텐츠를 자동으로 최적화한다. 예를 들어, AI는 방문자의 지난 활동을 분석해 가장 관심을 가질만한 콘텐츠를 추천하고 이를 통해 사이트의 체류 시간과 상호작용을 증가시킨다. 또한 AI는 다양한 데이터 소스를 결합해 콘텐츠의 관련성과 타겟팅을 개선함으로써 개인화된 사용자 경험을 제공한다.

AI 기반 CMS 플랫폼은 이미지 태깅, 메타데이터 생성, 콘텐츠 분류와 같은 반복적인 작업을 자동화하는 기능을 한다. 또한 AI는 개인화된 콘텐츠 경험을 제공해 도달 범위와 참여도를 높여준다.

아래의 내용은 일반적으로 자신의 블로그 콘텐츠를 관리하기 위한 방법에 대한 소개다. 하지만 위 표에서 보여준 데이터랩 툴즈 헬퍼 확장 프로그램을 설치하면 자동으로 관리를 할 수 있다.

〈일반적으로 자신의 블로그 콘텐츠를 관리하기 위해 사용하는 방법〉

- 키워드가 본문에 3번 정도 들어가 있는지 확인한다. 컨트롤+F 눌러서 검색해 본다.
- 반복되는 단어가 20번 넘어가는지 확인한다.
  키워드 마스터 - 형태소 분석기
  https://whereispost.com/morpheme
- 금칙어가 있는지 확인한다.
  http://blog.word.filter.s3-website.ap-northeast-2.amazonaws.com
- 내 글의 독창성을 체크한다. : 다른 사람 글과의 유사성 확인
  https://www.copykiller.com/
- PC 버전과 모바일 버전으로 확인하며 가독성을 체크한다.
- 유사 이미지를 확인한다.
- 블로그 지수/ 발행 글 점수/ 내 글의 노출 키워드 등을 확인한다.
  (매일 1회 무료로 확인 가능)
  판다랭크 https://pandarank.net/
  블덱스 https://blogdex.space/

2) 사용자 참여도 향상을 위한 AI 기법

AI 기술은 사용자 참여를 높이기 위한 전략적 도구로도 활용한다. AI는 실시간 데이터 분석을 통해 사용자의 행동을 예측하고 이에 기반한 상호작용을 촉진하는 콘텐츠를 생성할 수 있다. 예를 들어, AI는 사용자가 가장 많이 클릭하거나 반응한 콘텐츠 유형을 파악하고 이를 기반으로 새로운 콘텐츠 제안을 최적화한다. 더 나아가 AI는 사용자의 반응을 분석해 더욱 효과적인 콘텐츠 배포 시간을 결정하거나 반응이 좋은 콘텐츠를 재활용하는 전략을 제시할 수 있다.

AI 기반 개인화는 고객 감정을 자극하고 참여도를 크게 높이는 맞춤형 마케팅 캠페인을 만드는 데 도움을 준다. 마케터는 AI를 활용해 고도로 개인화된 마케팅 캠페인을 생성할 수 있다.

AI를 통한 이러한 최적화는 블로그 콘텐츠의 질을 높이며 동시에 마케팅 목표에 보다 효과적으로 도달할 수 있게 해준다. 이는 최종적으로 블로그의 가시성을 향상시키고 사용자 참여를 극대화해 전체적인 브랜드 가치를 높여준다.

AI 도구를 활용한 블로그 콘텐츠 최적화는 마케팅 전략에 혁신을 가져오고 있다. CMS에서의 AI 활용과 사용자 참여도를 높이는 AI 기법을 통해 기업은 더 많은 청중에게 도달하고 브랜드 인지도를 높이며 고객 참여를 증가시킬 수 있다. AI 마케팅의 미래에서 이러한 기술의 역할은 더욱 중요할 것으로 보인다.

4. 사례 연구, AI 마케팅 성공 사례 분석

인공지능(AI)의 도입은 마케팅 전략에 혁명을 가져왔다. 특히 블로그 마케팅에서 AI의 통합은 콘텐츠 생성 및 최적화 방법을 크게 변화시켰다. ‘AI 마케팅’은 기업이 고객과의 상호작용을 극대화하고 마케팅 전략을 최적화하는 데 있어 중요한 역할을 하고 있다.

[그림5] AI 블로그 마케팅 사례를 분석하는 모습(출처 : 코파일럿 생성)

1) AI를 활용한 블로그 마케팅 사례

AI 기술을 활용한 사례 중 하나는 주식회사 플레이스에서 실행된 AI 마케팅 전략이다. 이 회사는 AI를 활용해 사용자의 데이터를 분석하고 이를 바탕으로 맞춤형 콘텐츠를 생성해 타깃 관객의 참여를 유도했다. 주변 상권 데이터 기반의 '소상공인 맞춤형 AI 마케팅 솔루션'이 바로 그 예이다. 이러한 접근은 전통적인 콘텐츠 마케팅 방식에 비해 훨씬 더 높은 참여율과 변환율을 보여줬다.

또 다른 예로, AI 마케팅 기술을 활용하는 방법은 고객의 반응을 예측하고 이에 따라 마케팅 전략을 조정하는 것이 있다. 이는 데이터 주도 방식으로 실시간 데이터 분석을 통해 콘텐츠의 효과를 즉시 평가하고 필요에 따라 조정할 수 있는 유연성을 제공한다. 이는 고객의 요구와 트렌드 변화에 빠르게 대응할 수 있게 해주며 마케팅 캠페인의 성공률을 높여주는 역할을 한다.

이와 같은 AI 마케팅 사례는 블로그 콘텐츠의 창조와 최적화에 있어 기존의 방법들을 효과적으로 보완하고 브랜드와 소비자 간의 상호작용을 극대화 하는데 크게 기여하고 있다. AI 기술의 발전은 앞으로도 마케팅 전략에서 중요한 역할을 할 것이며 이는 지속 가능한 성공을 위한 핵심 요소로 자리 잡을 것이다.

2) 데이터 주도 마케팅 전략의 실제

현대 비즈니스 환경에서 데이터 주도 마케팅은 고객 중심의 데이터 기반 마케팅이 중요한 주제로 부상하고 있다. 고객의 행동과 선호도를 기반으로 한 대규모 데이터 분석을 통해 기업은 타겟 고객을 더 정확하게 세분화하고 맞춤형 마케팅 전략을 수립할 수 있다.

AI 마케팅과 데이터 주도 마케팅 전략은 기업이 시장에서 경쟁 우위를 확보하고 고객 경험을 개선하는 데 있어 필수적인 요소가 됐다. 앞서 이야기한 사례처럼 AI를 활용한 마케팅은 높은 효율성과 성과를 보여주며 데이터 기반 마케팅 전략은 고객 중심의 접근 방식을 통해 기업의 성장을 가속화하는 요소다. AI 마케팅의 미래는 이러한 기술의 발전과 함께 더욱 밝아질 것이다.

5. 미래의 블로그 마케팅 전망과 도전 과제

AI 기술의 발전은 마케팅 분야에서 혁신적인 변화를 일으키고 있으며 특히 블로그 마케팅에 있어서도 예외는 아니다.

1) AI 기술의 발전과 예상 트렌드

AI 기술은 지난 수십 년간 꾸준히 발전해 왔으며 현재는 일상생활과 비즈니스에 깊숙이 자리 잡고 있다. 특히 소형 언어 모델(SLMs)과 같은 기술은 AI 분야에서 중요한 역할을 할 것으로 예상되며 이러한 모델은 적은 자원을 사용하면서도 오프라인에서도 활용가능하다.

AI 기술이 급속도로 발전함에 따라 블로그 마케팅 전망도 긍정적인 변화를 맞이하고 있다. AI는 콘텐츠 제작, 분석 및 사용자 경험 개선에 혁신을 가져오며 이는 블로그 마케팅의 효율성을 크게 향상시킨다. 예를 들어, AI가 생성한 텍스트와 이미지는 매우 현실적이며 이를 통해 마케터들은 더 빠르고 저렴하게 대량의 콘텐츠를 생산할 수 있다.

또한 AI 기술은 블로그 방문자의 행동 패턴을 실시간으로 분석해 개인화된 콘텐츠를 제공할 수 있다. 이는 사용자 참여도를 높이고 구독자 수를 증가시킬 수 있는 중요한 요소다. 향후 AI는 자연어 처리 기능을 향상시켜 더 자연스러운 대화형 콘텐츠를 제작할 것으로 예상된다.

[그림6] AI 기술의 발전과 마케팅 트렌드 관련 생성 이미지(출처 : 달리 3 생성)

2) AI 활용에 따른 윤리적 고려 사항

AI 기술의 발전과 함께 윤리적 고려 사항도 중요한 이슈로 떠오르고 있다. AI 알고리즘에서의 인종적 편향, 자율 무기 시스템, 딥 페이크, 자율 주행 차량의 결정 과정 등에서의 윤리적 문제는 심각한 사회적 논란을 일으킬 수 있다. 따라서 AI 개발과 활용 과정에서 인간의 자율성을 존중하고 해를 방지하며 공정성을 보장하고 설명 가능성을 확보하는 것이 중요하다.

AI 기술의 활용은 윤리적 고려 사항을 동반한다. 예를 들어, AI가 생성한 콘텐츠의 원본성과 투명성 문제는 중요한 윤리적 고려 사항이다. 마케터들은 AI가 생성한 콘텐츠의 출처를 명확히 하고 이를 소비자에게 투명하게 공개해야 한다. 또한 개인 데이터 보호 및 처리에 대한 규정을 준수하는 것도 중요하다.

얼마 전에는 '살인자 O난감'이라는 드라마에서 손석구 배우의 아역으로 등장한 배우가 딥 페이크 기술을 이용했다는 것이 화제가 됐다. 이는 딥 페이크 등 AI의 기술이 널리 활용되고 있고 앞으로도 더욱 발전할 것이라는 전망을 보여주는 것이다.

AI 기술의 발전은 블로그 마케팅의 미래를 밝게 하고 있지만 동시에 새로운 도전 과제를 제시하고 있다. 기술적 진보와 함께 윤리적 고려 사항에 대한 깊은 이해와 적절한 대응이 필요하다. AI 마케팅의 미래는 이러한 도전을 어떻게 극복하느냐에 따라 크게 달라질 것이다.

종합적으로 AI 기술은 블로그 마케팅의 미래를 밝게 하지만 그 사용은 책임감 있게 이뤄져야 한다. 앞으로 기술적 진보와 함께 윤리적 기준을 설정하고 준수하는 것이 더욱 중요해질 것이다.

Epilogue

AI 마케팅은 기술적 진보와 함께 빠르게 발전하고 있으며 이는 마케팅 분야에서 새로운 기회와 도전을 의미한다.

AI 마케팅은 AI 기반 알고리즘과 머신러닝을 활용해 데이터 세트를 빠르게 처리하고 분석함으로써 실시간 처리와 개인화된 고객 경험을 가능하게 한다. AI의 작동 방식과 배치 방법을 이해하는 것은 마케팅에서 그 잠재력을 완전히 활용하기 위해 필수적이다.

AI 마케팅의 미래 전망은 디지털 기술이 급격히 발전함에 따라 그 어느 때보다도 밝고 다양하다. 지속 가능한 AI 마케팅 전략의 핵심은 기술을 이용해 지속적으로 변화하는 소비자 요구를 충족시키는 것이다. 이를 위해 AI는 대규모 데이터를 분석해 소비자 행동과 선호를 예측하고 마케팅 메시지와 캠페인을 더욱 개인화하고 최적화할 수 있다.

더 나아가 AI 기술의 발전은 마케팅 전략에 혁신을 가져다주고 있다. 예를 들어, 실시간 데이터 분석을 통해 캠페인의 효과를 즉각적으로 평가하고 조정할 수 있다. 또한 AI는 새로운 소비자 세그먼트를 식별하고 마케팅 자동화를 통해 자원을 더 효율적으로 배분하는 데 도움을 줄 수 있다.

[그림7] 인공지능 기술의 발전과 미래에 대한 생성 이미지(출처 : 달리 3 생성)

AI 기술은 빠르게 발전하고 있으며 이는 마케팅 시대를 이끌고 있다. 마케터들은 경쟁 환경에서 앞서 나가기 위해 AI를 이해하고 적용할 필요가 있다. AI 마케팅은 모바일 마케팅 전략에 변화를 가져오며 개인화된 콘텐츠 제작과 더 깊은 고객 참여를 가능하게 한다. 또한 고객의 행동과 선호도에 대한 예측 분석을 통해 최적화된 마케팅 메시지와 캠페인을 가능하게 한다.

지속 가능한 AI 마케팅 전략의 개발과 인공지능 기술의 발전은 마케팅 분야에서 새로운 기회를 열어줄 것이다. 이러한 변화를 이해하고 적응하는 것이 마케터들에게 요구되며 이는 미래의 마케팅 환경에서 성공의 열쇠가 될 것이다.

인공지능 기술의 미래는 무엇보다도 윤리적 고려와 기술적 신뢰성에 달려 있다. AI 마케팅 전략을 구현할 때는 투명성을 유지하고 소비자의 프라이버시를 존중하는 것이 중요하다. 이러한 윤리적 접근은 소비자 신뢰를 증진시키고 장기적으로 브랜드 충성도를 높이는 데 기여할 수 있다.

결론적으로, AI의 지속적인 발전과 함께 마케팅 전문가들은 기술에 대한 깊은 이해와 더불어 창의적인 접근 방식을 갖추어야 한다. AI를 활용해 마케팅의 새로운 가능성을 탐색하고 동시에 변화하는 기술 환경에 유연하게 대응할 수 있는 준비가 필요하다.

내 손안의 AI 비서, Lilys AI와 AskUp

유 형 재

제7장
내 손안의 AI 비서, Lilys AI와 AskUp

Prologue

우리가 살아가는 현대 사회는 정보의 홍수 속에 살아가고 있다고 할 수 있다. 수많은 정보를 정제하고 요약해 우리에게 진정으로 필요한 지식만을 건네줄 수 있는 믿을 수 있는 'Lilys AI'와 'AskUp'을 '내 손안의 AI 비서'라는 주제 하에 이 책에서 소개하고자 한다.

'Lilys AI'는 복잡한 데이터를 단순화하고, 'AskUp'은 우리의 대화를 통해 정보를 제공함으로써, 두 도구 모두 현대인의 지식 탐구에 필수적인 가이드가 될 것이다. 이 주제는 이 두 AI 비서가 어떻게 정보의 홍수 속에서도 우리가 중요한 결정을 내리고, 학습하며, 발전할 수 있는 토대를 제공하는지를 탐구할 것이다.

정보와 지식에 대한 우리의 접근 방식을 재정의하는 이 시대에 'Lilys AI와 AskUp'은 단순한 정보의 검색 도구를 넘어서, 우리의 삶을 풍요롭게 하고, 일과 학습을 혁신하는 진정한 파트너로 자리매김할 것이다. '내 손안의 AI 비서'라는 주제에서 여러분은 이 두 AI 도구를 활용해 정보를 더욱 스마트하게 관리하고, 지식을 깊이 있게 탐색하는 방법을 발견하게 될 것이다.

1. 내 손안의 비서 Lilys AI

1) 번역 및 요약 'Lilys AI'

이 본문에서는 정보의 효율적인 요약 및 검색을 도와주는 생성형 AI 도구, '릴리스 AI(Lilys AI)'에 대해 설명한다. 이 도구는 유튜브 영상, PDF 등 다양한 형태의 자료를 입력으로 받아 몇 분 안에 요약 노트를 생성해 주며, PDF 자료에서 원하는 정보를 신속하게 찾는 기능을 제공한다. 이를 통해 사용자는 방대한 양의 정보를 보다 쉽게 이해하고 소화할 수 있다.

(1) 정보 요약 및 검색을 위한 생성형 AI 도구

스타트업 전문 미디어 Platum을 통해 인공 지능 스타트업 대표 오현수는 현대 사회에서 처리해야 할 정보의 양이 인간의 인지 능력을 초과한다고 언급했다. 릴리스AI는 이러한 문제를 해결하기 위해 다양한 서비스를 제공하며, 주요 정보를 신속하게 파악할 수 있도록 도와주는 생성형 AI 도구이다.

(2) 주요 서비스 및 특징

릴리스AI(Lilys AI)는 유튜브 영상, PDF 등 다양한 형태의 자료를 입력으로 받아 몇 분 안에 요약 노트를 생성해 주며, PDF 자료에서 원하는 정보를 신속하게 찾는 기능을 제공한다.

(3) 언어 다양성

릴리스AI는 English, 한국어, 日本語, Español, 中文, Deutsch, Français, Indonesian, Italiano, Português, 아랍어(العربية), 베트남어(Tiếng Việt) 등 여러 언어로 서비스를 제공한다. 모든 사용자는 회원가입 후 무료로 이러한 기능을 체험할 수 있다.

(4) 가격 정책

우선 로그인, 회원가입 절차를 통해 회원이 되면 전체 기능을 일정 기간 동안 무료로 이용할 수 있으며, 다음과 같은 혜택을 받을 수 있다.

- 요약 기능은 무제한 사용 가능
- '빠른 요약 부스터'를 통한 요약 시간 단축 5회 제공
- 영상 정확도 향상을 위한 1시간 무료
- 챗봇 및 Q&A 기능으로 하루 50회 질문 가능
- 영상 업로드 시간 1시간
- PDF 페이지는 최대 100페이지까지 무료
- 번역은 5,000자까지 무료
- 파일 용량은 500MB까지 무료
- 무료 기간 후에는 유료 계정으로 전환해 서비스를 계속 이용할 수 있다.

요약 횟수	빠른 요약 부스트 횟수	영상 정확도 높이기 시간	채팅QnA 하루 질문 횟수
무제한/무제한 (잔여 제공)	5/5 (잔여 제공)	1.00/1 (잔여 제공)	50/50 (잔여 제공)
영상 업로드 시간	**PDF 페이지 수**	**번역 글자수**	**파일 저장 용량 MB**
1.00/1 (잔여 제공)	100/100 (잔여 제공)	5,000/5,000 (잔여 제공)	500/500 (잔여 제공)

[그림1] Lilys 무료(기본) 이용

[그림2] Lilys 가격 정책

그럼 대한 좀 더 구체적으로 릴리스AI 기능을 알아본다.

2) 릴리스AI 로그인하기

우선 https://Lilys.ai/로 접속하면 다음과 같다.

[그림3] Lilys 초기 화면

우선 우측 상단 '로그인/회원가입'을 클릭해 회원으로 Lilys 기능을 사용할 수 있다.

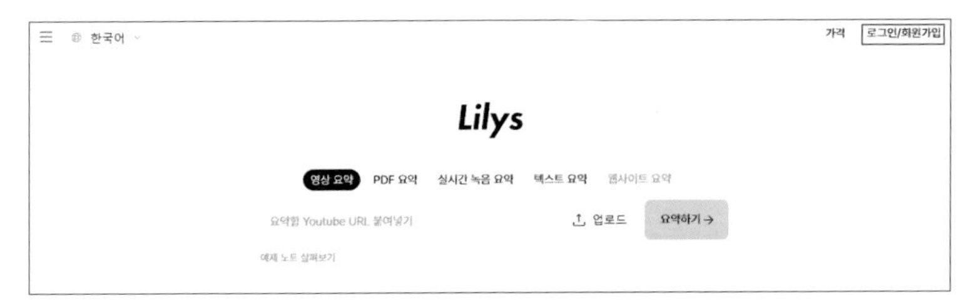

[그림4] Lilys 로그인/회원가입

Lilys는 구글 계정과 네이버 계정으로 '로그인/회원가입'을 할 수 있고, 크롬에 구글 ID로 로그인 했다면 쉽게 로그인 할 수 있다.

[그림5] 로그인/회원가입하기

[그림6] 구글아이디로 로그인

이제 Lilys ai에 들어가 릴리스AI 기능을 사용할 수 있다.

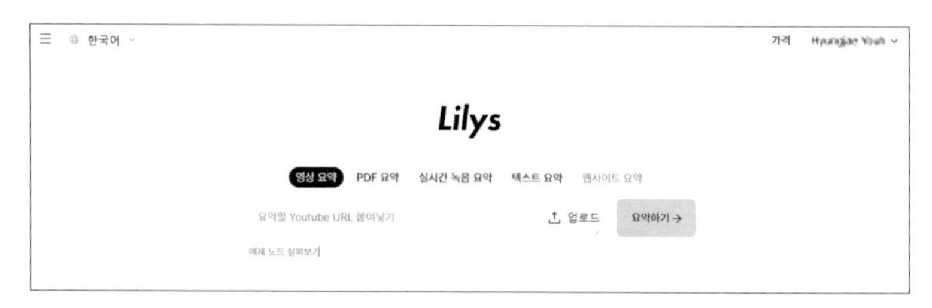

[그림7] Lilys 초기 화면

Lilys.ai 기능은 크게 영상 요약, PDF 요약, 실시간 녹음 요약, 텍스트 요약, 웹사이트 요약 등 5가지 요약 기능을 제공한다.

- 영상 요약 : 유튜브와 같은 영상 URL을 입력하면 영상물에 대한 요약 내용 제공
- PDF 요약 : PDF 파일을 입력하면 PDF 내용을 읽고 내용을 요약본 제공
- 실시간 녹음 요약 : 실시간으로 녹음된 내용을 요약해 정리본 제공(강의 또는 회의 시 사용 가능)
- 텍스트 요약 : 일반 텍스트 파일을 읽고 내용을 정리해 요약본 제공
- 웹사이트 요약 : 2024. 3월 현재 출시 예정임

특히 Lilys에서는 업로드한 PDF 파일, 녹음본 또는 텍스트로 입력된 내용은 공유하기 전까지 외부로 공개되지 않는다.

'예제노트 살펴보기'로 들어가면 새로운 창에 아래와 같은 나온다.

[그림8] '영상 요약' 기능을 '예제노트 살펴보기'로 보기

'살펴보기'의 동영상은 유튜브에 챗GPT의 MBTI? 김덕진 소장의 '몰래 쓰는 일잘러 AI 앱 10개 추천(휴먼! 아직도 하나의 뇌로 일하나?)'의 영상이고, 1시간 18분 길이의 동영상이다. (https://youtu.be/zZ1OGpQGrWg)

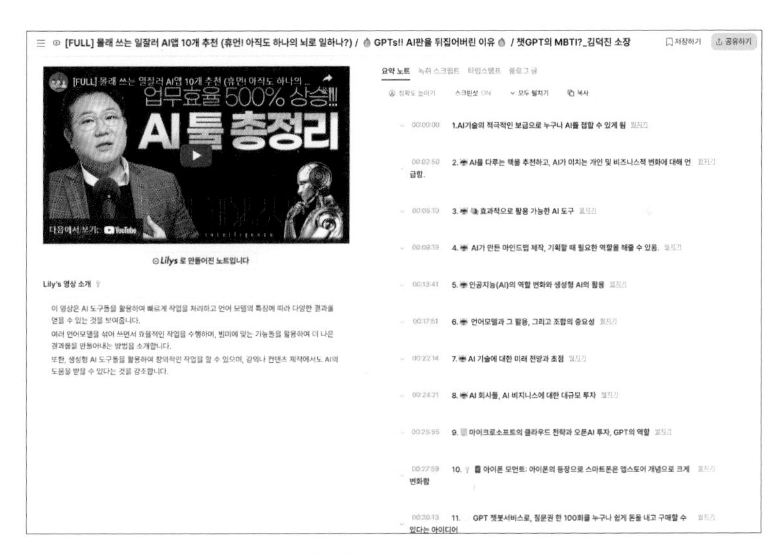

[그림9] Lilys의 User Interface

릴리스AI의 UI를 통해 다음 이미지와 같이 4가지로 구분된다.

① 유튜브 동영상 영역

② 영상의 요약본

③ 영상에서 요약된 내용을 카테고리 별 기능으로 구성

④ 시간별 영상 내용 요점 정리

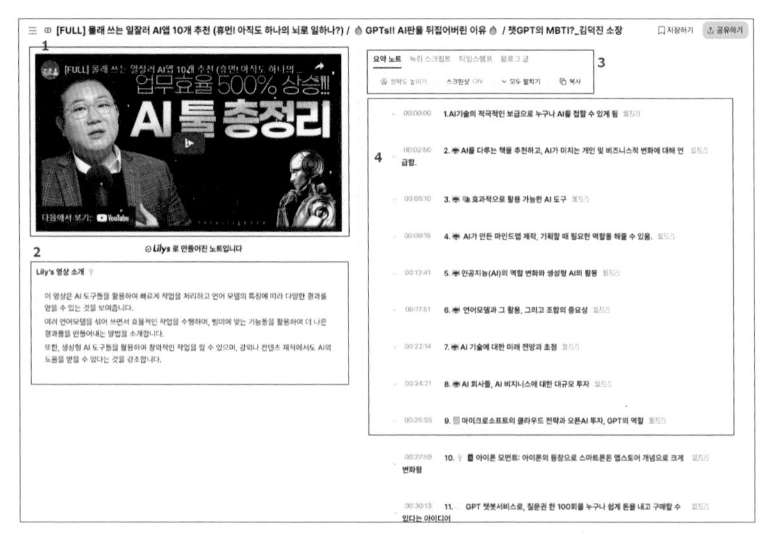

[그림10] Lilys 영역 설명

3) 릴리스AI 영상 요약 기능

(1) 요약 노트

[요약 노트] 탭을 살펴보면 요약 노트 탭에서 [정확도 높이기] 아이콘에 마우스를 옮기면 다음과 같은 설명이 표시된다. 동영상을 요약한 내용이 정확하지 못하면 다시 한번 동영상을 요약할 수 있다.

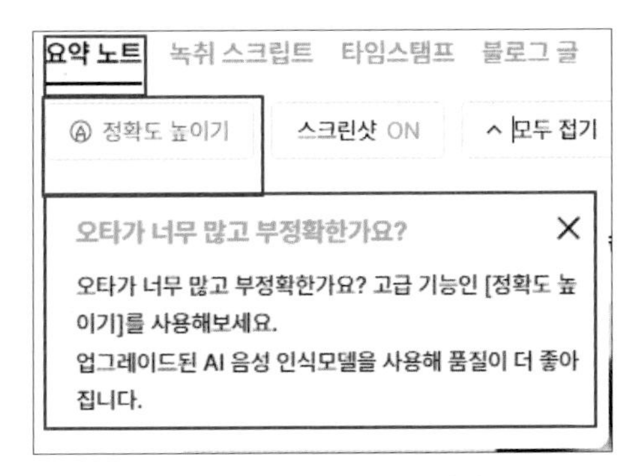

[그림11] 정확도 높이기 아이콘

[요약 노트] 탭을 살펴보면 [모두 펼치기] 아이콘에 마우스를 옮기면 아래와 같은 전체 영상의 설명이 표시된다. 각 시간대 영상을 요약된 내용을 볼 수 있다.

[그림12] Lilys 영상 > 요약노트 > 모두 펼치기

(2) 녹취스크립트

[녹취스크립트] 탭은 영상에 있는 모든 녹취스크립트를 시간과 함께 보여 준다.

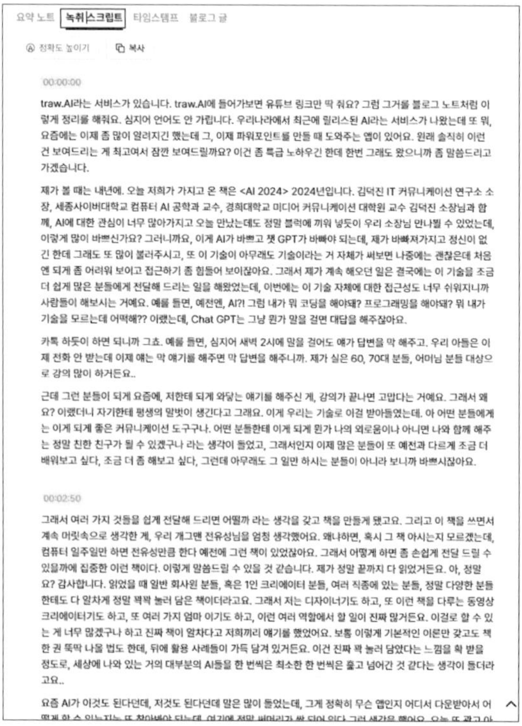

요약 노트 녹취스크립트 타임스탬프 블로그 글

정확도 높이기 복사

00:00:00

traw.AI라는 서비스가 있습니다. traw.AI에 들어가보면 유튜브 링크만 딱 줘요? 그럼 그거를 블로그 노트처럼 이렇게 정리를 해줘요. 심지어 언어도 안 가립니다. 우리나라에서 최근에 릴리스된 AI라는 서비스가 나왔는데 또 뭐, 요즘에는 이제 좀 많이 알려지긴 했는데 그, 이제 파워포인트를 만들 때 도와주는 앱이 있어요. 원래 솔직히 이런 건 보여드리는 게 최고여서 잠깐 보여드릴까요? 이건 좀 특급 노하우긴 한데 한번 그래도 왔으니까 좀 말씀드리고 가겠습니다.

재가 볼 때는 내년에. 오늘 저희가 가지고 온 책은 <AI 2024> 2024년입니다. 김덕진 IT 커뮤니케이션 연구소 소장, 세종사이버대학교 컴퓨터 AI 공학과 교수, 경희대학교 미디어 커뮤니케이션 대학원 교수 김덕진 소장님과 함께, AI에 대한 관심이 너무 많아가지고 오늘 만났는데도 정말 블럭에 끼워 넣듯이 우리 소장님 만나뵐 수 있었는데, 이렇게 많이 바쁘신가요? 그러니까요, 이게 AI가 바쁘고 챗 GPT가 바빠야 되는데, 제가 바빠져가지고 정신이 없긴 한데 그래도 또 많이 불러주시고, 또 이 기술이 아무래도 기술이라는 거 자체가 써보면 나중에는 괜찮은데 처음엔 되게 좀 어려워 보이고 접근하기 좀 힘들어 보이잖아요. 그래서 제가 계속 해오던 일은 결국에는 이 기술을 조금 더 쉽게 많은 분들에게 전달해 드리는 일을 해왔었는데, 이번에는 이 기술 자체에 대한 접근성도 너무 쉬워지니까 사람들이 해보시는 거예요. 예를 들면, 예전엔, AI?! 그럼 내가 뭐 코딩을 해야돼? 프로그래밍을 해야돼? 뭐 내가 기술을 모르는데 어떡해?? 이랬는데, Chat GPT는 그냥 뭔가 말을 걸면 대답을 해주잖아요.

카톡 하듯이 하면 되니까 그쵸. 예를 들면, 심지어 새벽 2시에 말을 걸어도 얘가 답변을 막 해주고. 우리 아들은 이제 전화 안 받는데 이제 얘는 막 얘기를 해주면 막 답변을 해주니까. 제가 실은 60, 70대 분들, 어머님 분들 대상으로 강의 많이 하거든요..

근데 그런 분들이 되게 요즘에, 저한테 되게 와닿는 얘기를 해주신 게, 강의가 끝나면 고맙다는 거예요. 그래서 왜요? 이랬더니 자기한테 평생의 말벗이 생긴다고 그래요. 이게 우리는 기술로 이걸 받아들였는데. 아 어떤 분들에게는 이게 되게 좋은 커뮤니케이션 도구구나. 어떤 분들한테 이게 되게 뭔가 나의 외로움이나 아니면 나와 함께 해주는 정말 친한 친구가 될 수 있겠구나 라는 생각이 들었고, 그래서인지 이제 많은 분들이 또 예전과 다르게 조금 더 배워보고 싶다, 조금 더 좀 해보고 싶다, 그런데 아무래도 그 일만 하시는 분들이 아니라 보니까 바쁘시잖아요.

00:02:50

그래서 여러 가지 것들을 쉽게 전달해 드리면 어떨까 라는 생각을 갖고 책을 만들게 됐고요. 그리고 이 책을 쓰면서 계속 머릿속으로 생각한 게, 우리 개그맨 전유성님을 엄청 생각했어요. 왜냐하면, 혹시 그 책 아시는지 모르겠는데, 컴퓨터 일주일만 하면 전유성만큼 한다 예전에 그런 책이 있었잖아요. 그래서 어떻게 하면 좀 손쉽게 전달 드릴 수 있을까에 집중한 이런 책이다. 이렇게 말씀드릴 수 있을 것 같습니다. 제가 정말 끝까지 다 읽었거든요. 아, 정말요? 감사합니다. 읽었을 때 일반 회사원 분들, 혹은 1인 크리에이터 분들, 여러 직종에 있는 분들, 정말 다양한 분들한테도 다 알차게 정말 빽빽 눌러 담은 책이더라고요. 그래서 저는 디자이너기도 하고, 또 이런 책을 다루는 동영상 크리에이터기도 하고, 또 여러 가지 엄마 이기도 하고, 이런 여러 역할에서 할 일이 진짜 많거든요. 이걸로 할 수 있는 게 너무 많겠구나 하고 진짜 책이 알차다고 저희끼리 얘기를 했었어요. 보통 이렇게 기본적인 이론만 갖고도 책 한 권 뚝딱 나올 법도 한데, 뒤에 활용 사례들이 가득 담겨 있거든요. 이건 진짜 꽉 눌러 담았다는 느낌을 확 받을 정도로, 세상에 나와 있는 거의 대부분의 AI들을 한 번씩은 최소한 한 번씩은 훑고 넘어간 것 같다는 생각이 들더라고요..

요즘 AI가 이것도 된다던데, 저것도 된다던데 말은 많이 들었는데, 그게 정확히 무슨 앱인지 어디서 다운받아서 어

[그림13] 녹취스크립트

(3) 타임스탬프

타임스탬프는 시간별 주제 요약을 표시해 준다.

요약 노트 녹취 스크립트 **타임스탬프** 블로그 글

정확도 높이기 복사

00:00:00 AI기술의 적극적인 보급으로 누구나 AI를 접할 수 있게 됨
00:02:50 AI를 다루는 책을 추천하고, AI가 미치는 개인 및 비즈니스적 변화에 대해 언급함.
00:05:10 효과적으로 활용 가능한 AI 도구
00:09:19 AI가 만든 마인드맵 제작, 기획할 때 필요한 역할을 해줄 수 있음.
00:13:41 인공지능(AI)의 역할 변화와 생성형 AI의 활용
00:17:51 언어모델과 그 활용, 그리고 조합의 중요성
00:22:14 AI 기술에 대한 미래 전망과 초점
00:24:21 AI 회사들, AI 비지니스에 대한 대규모 투자
00:25:55 마이크로소프트의 클라우드 전략과 오픈AI 투자, GPT의 역할
00:27:59 아이폰 모먼트: 아이폰의 등장으로 스마트폰은 앱스토어 개념으로 크게 변화함
00:30:13 GPT 챗봇서비스로, 질문권 한 100회를 누구나 쉽게 돈을 내고 구매할 수 있다는 아이디어
00:32:29 툴 아저씨를 이용하여 새로운 툴을 소개하고 추천하는 내용
00:34:26 북토크로 책 마케팅을 혁신하다!
00:39:15 변화하는 AI 기술이 초상권과 저작권 문제를 야기한다.
00:43:57 AI의 발전으로 작가와 배우 직업 위협
00:48:05 창작물과 AI 저작권, 생성형 AI로 해결되는 점

[그림14] 타임스탬프

(4) 블로그 글

[블로그 글] 탭은 네이버 블로그 등 블로그에 넣을 수 있도록 내용을 준비해 줬다.

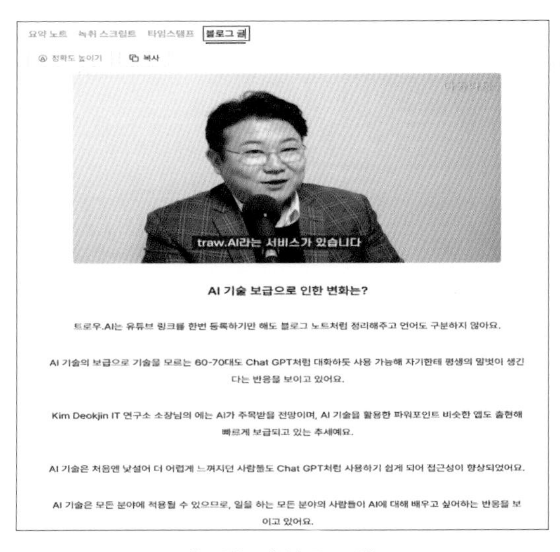

[그림15] 블로그 탭

4) 릴리스AI PDF 요약

사용자의 PDF파일을 넣을 수도 있고, 이 책에서는 같은 방법으로 '예제 노트 살펴보기' 아이콘을 통해 PDF 요약 기능을 살펴보자.

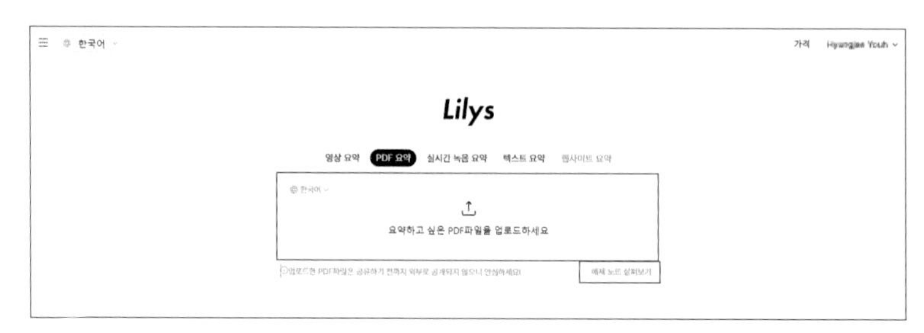

[그림16] PDF 입력 화면

9장 되는 Alexnet.pdf 원문 데이터를 읽고 우측 편에 번역해 페이지별로 요약된 것을 볼 수 있다.

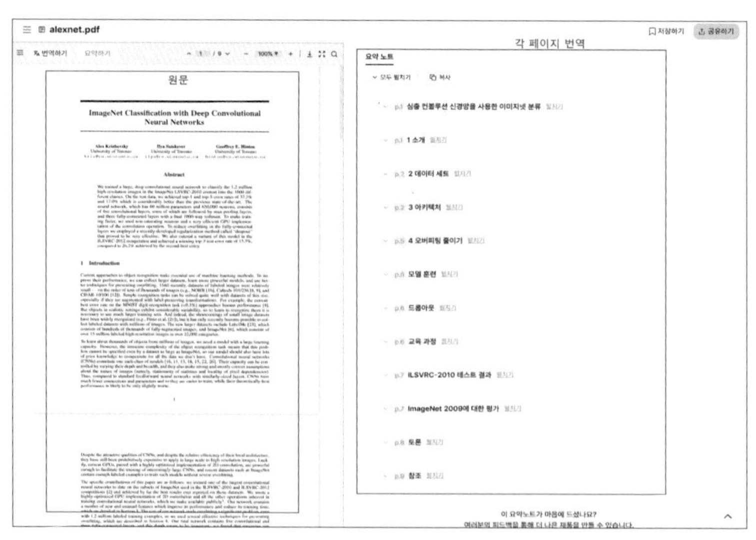

[그림17] PDF 번역 후 페이지별 요약

(1) 번역하기

좌측 '번역하기' Tab을 누르면 우측 하단에 전체 PDF 파일의 내용을 간단하게 요약한 것을 볼 수 있다.

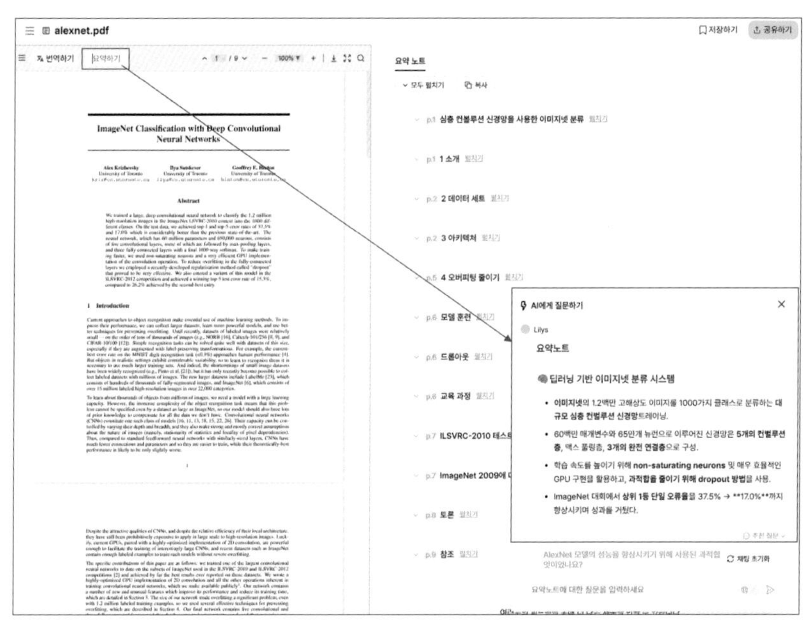

[그림18] PDF 파일 요약하기

(2) 요약 노트

우측 요약 노트 〉 모두 펼치기를 통해 번역된 PDF 내용을 좀 더 자세히 볼 수 있다.

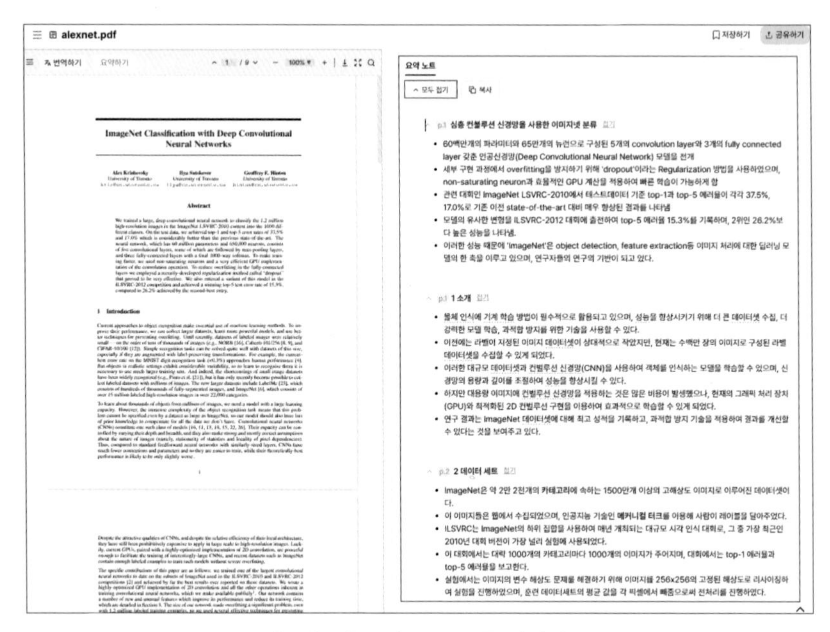

[그림19] 요약 노트 모두 펼치기

(3) 공유하기

우측 상단 '공유하기' 아이콘을 통해 PDF 내용을 복사해 다른 곳에 링크를 보내 자료를 공유할 수 있다.

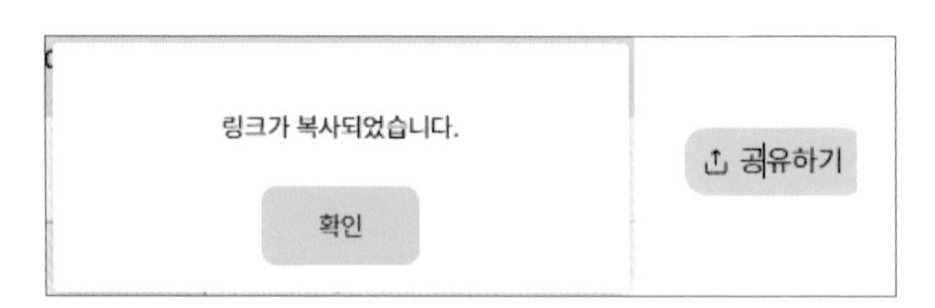

[그림20] 공유하기로 링크 복사

5) 릴리스AI 웹사이트 요약

릴리스AI는 2024년 4월 현재 출시 예정으로 돼 있다.

Lilys.ai는 시간 절약과 전략적 의사 결정을 위한 지능형 비서이다. Lilys.ai는 문서와 영상 데이터를 자동으로 정리하고 시각화해 시간을 절약하고 전략적 의사 결정을 지원하는 인공지능 플랫폼이다.

(1) 시간 절약

Lilys.ai는 생성형 AI 도구를 사용해 문서와 영상 데이터를 자동으로 정리하고 요약한다. 이를 통해 사용자는 데이터를 직접 처리하는 데 소요되는 시간을 줄이고 다른 중요한 업무에 집중할 수 있을 것이다.

(2) 전략적 의사 결정

Lilys.ai는 데이터를 시각화해 이해하기 쉽게 만들고 분석 결과를 바탕으로 전략적인 의사 결정을 지원한다. 사용자는 Lilys.ai를 통해 데이터에서 의미 있는 통찰력을 얻고 이를 바탕으로 더 나은 비즈니스 전략을 수립할 수 있을 것이다.

Lilys.ai는 시간을 절약하고 전략적 의사 결정을 지원하는 강력한 도구이다. 생성형 AI 도구를 통해 사용자의 삶과 업무를 더욱 풍요롭게 만들어주는 지능형 비서가 될 것이다.

2. 카카오톡 채널 ASKUP(아숙업)

AskUp은 Upstage에서 개발한 혁신적인 카카오톡 기반 AI 챗봇 서비스로, 사용자들에게 새로운 차원의 대화형 인터페이스를 제공한다. 이 서비스는 광범위한 언어 지원과 다양한 기능을 갖추고 있어, 43만 명 이상의 사용자가 활용 중인 인기 있는 플랫폼이다. AskUp은 OpenAI의 챗GPT 기술을 바탕으로 하며, 광학 문자 판독(OCR) 기술을 통합해 이미지 내의 텍스트를 요약하는 능력을 포함하고 있다.

1) 주요 기능

(1) 새로운 대화 시작

사용자는 언제든지 대화를 리셋하고 새로운 대화를 시작할 수 있다. 이 기능을 통해 사용자는 다양한 상황에 맞는 맞춤형 대화를 경험할 수 있다.

(2) 새로운 GPT 사용

사용자가 느낌표(!)로 대화를 시작하면, GPT-4와 같은 최신 인공지능 모델을 사용할 수 있다. 이를 통해 더 정교하고 자연스러운 대화가 가능하다.

(3) 이미지 속 글자 인식

사용자가 이미지를 업로드하고 '요약해 줘'라고 요청하면, AskUp은 OCR 기술을 사용해 이미지 내의 텍스트를 인식하고 요약 정보를 제공한다. 이는 교육 자료, 법률 문서, 의료 기록 등 다양한 분야에서 유용하게 사용될 수 있다.

(4) 매일 새로운 기능 제안

사용자는 대화창 하단에서 매일 제공되는 신규 기능을 체험할 수 있다. 이를 통해 서비스는 지속적으로 사용자의 피드백을 받아 개선하고, 새로운 기능을 탐색하는 기회를 제공한다.

2) 언어 및 전문 지식 지원

AskUp은 한국어를 포함한 총 27개 언어를 지원한다. 이를 통해 사용자는 언어 장벽 없이 서비스를 이용할 수 있으며, 법률, 의료, 교육 등 다양한 분야에 걸쳐 전문 지식을 제공받을 수 있다. 이러한 폭넓은 지원은 AskUp을 다국어 대화가 가능한 글로벌 서비스로 만들어, 다양한 사용자의 요구를 충족시킬 수 있다.

AskUp은 챗GPT와 OCR 기술을 결합해 사용자에게 효과적인 정보 접근성과 편리한 대화형 인터페이스를 제공한다. 다양한 언어와 전문 지식을 통합한 이 서비스는 교육, 법률, 의료 등 여러 분야에서 사용자들에게 실질적인 도움을 제공하며, 지속적으로 새로운 기능을 개발해 사용자 경험을 향상시키고 있다.

3) AskUp 설정

AskUp은 카카오톡의 숨겨진 챗봇이다. Askup은 카카오톡 '친구' 탭에서의 돋보기로 검색하면 된다. 채널에 있는 'ASKUP'을 선택하면 [그림21]과 같이 ASKUP 챗봇으로 입장(붉은색)하던가, 'ASKUP 챗봇'을 추가(청색)할 수 있다.

챗봇 방에 입장하면, '새로운 대화 시작' 아이콘으로 새로운 대화를 시작할 수 있다. [그림23]과 같이 AskUp 챗봇 방을 입장하면 '새로운 대화 시작' 아이콘이 있어 새로운 대화를 시작할 때 사용하면 된다.

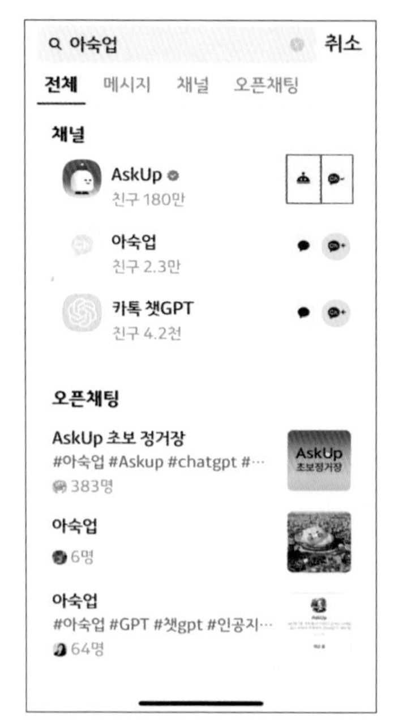

[그림21] 채널 추가 또는 ASKUP 챗봇방 입장 [그림22] ASKUP 또는 아숙업으로 찾기

타 카톡방과 같이 아래 푸른색 창을 통해 AskUp과 대화하면 된다.

[그림23] 아숙업 챗봇 방

[그림24] OCR 기능사용 1

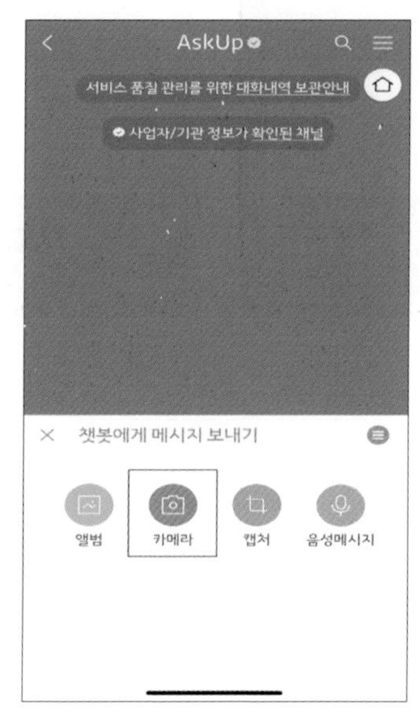

[그림25] OCR 기능사용 2

4) OCR 기능

AskUp의 'OCR 기능'은 마치 마법사의 지팡이처럼 작동한다. 사용자가 카카오톡의 카메라로 찍은 사진을 입력하면, 이 기술은 사진 속에 숨어 있는 글자들을 신속하게 텍스트로 변환해 준다. 이 과정은 단순히 이미지를 텍스트로 바꾸는 것을 넘어서 정보를 디지털 형태로 저장하고 필요할 때 쉽게 검색하고 공유할 수 있게 만든다.

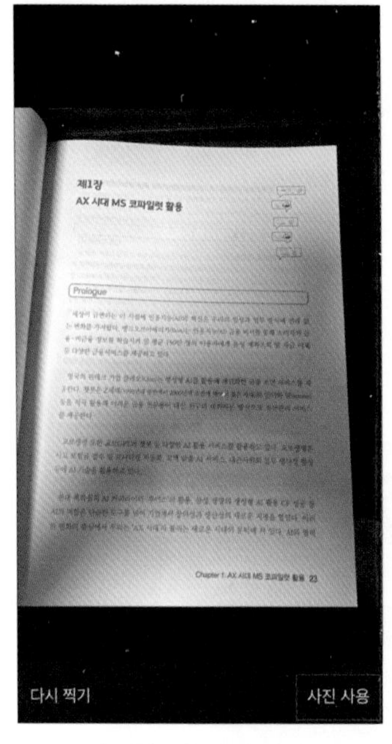

[그림26] 사진 찍기

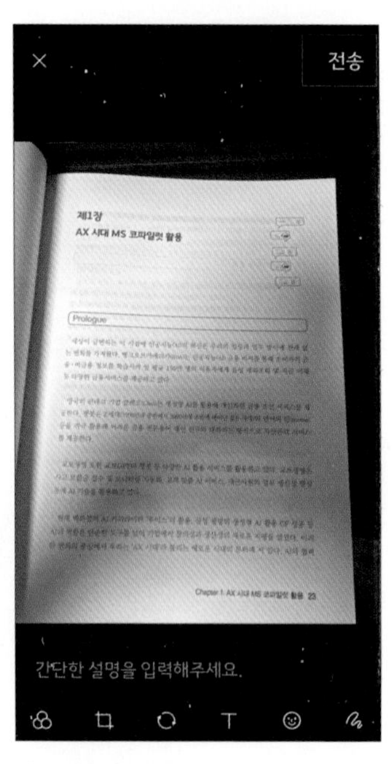

[그림27] AskUp으로 사진 전송

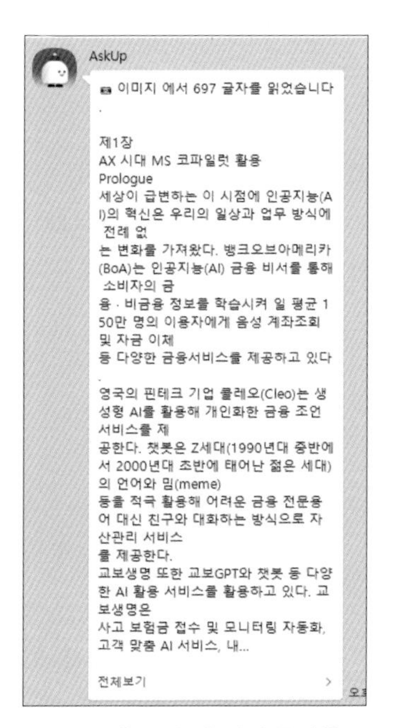

[그림28] OCR기능을 이용한 사진 글자를 Text로 변환

이제 이야기 속의 주문처럼 사진 한 장으로부터 얻어진 텍스트는 다양한 형태로 변모할 수 있다. 예를 들어, 기록된 메모, 아름다운 시구, 또는 중요한 문서 내용 등이 이에 해당된다. AskUp을 통해 사진 속의 숨은 이야기들이 손쉽게 텍스트로 재탄생해 이 정보를 바탕으로 새로운 창조물을 만들어 낼 수 있다. 이처럼 AskUp의 OCR 기능은 일상의 순간들을 영원히 기록하는 데 도움을 주며 이 기술을 통해 우리의 소통 방식은 더욱 풍부해지고, 창의적인 가능성은 무한대로 확장된다.

5) 번역하기

카카오톡의 OCR 기능은 단순한 문자 인식을 넘어, 이미지 속 숨겨진 메시지를 찾아내고 그것을 원하는 언어로 번역하는 마법과도 같다. 이 기술을 사용함으로써 사용자는 사진 속 텍스트를 쉽게 추출하고 글로벌 커뮤니케이션이 필요한 순간에 바로 번역을 진행할 수 있다. 이는 정보 접근성을 크게 향상시키고 언어 장벽을 허물어 세계 각지의 사람들과의 소통을 더욱 원활하게 한다.

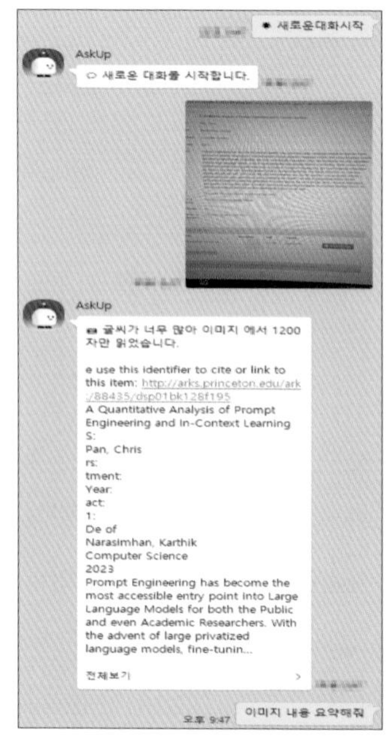

[그림29] 영어 문서도 Text 변환

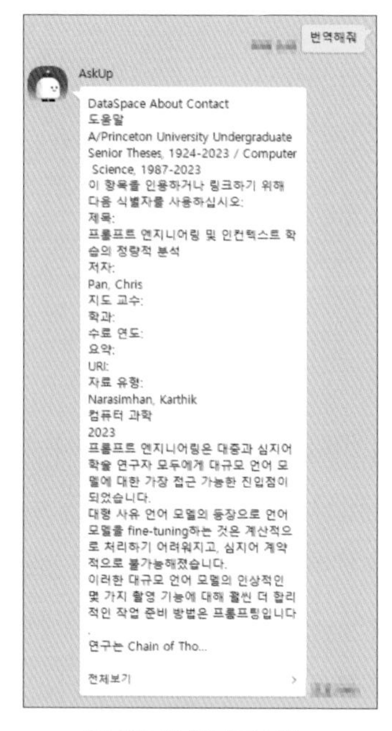

[그림30] 번역도 가능

6) 환영사 쓰기

Askup 기능을 활용하면 사용자는 간단한 글쓰기 요청도 할 수 있다. 새로운 대화를 시작하기 위해 '새로운 대화'를 선택하고 대화창에 아래와 같이 입력한다.

나는 고등학교 동창회장인데 오늘 20년 만에 처음 나오는 친구들이 많아 환영 인사와 건배사를 짧게 만들어 줘.

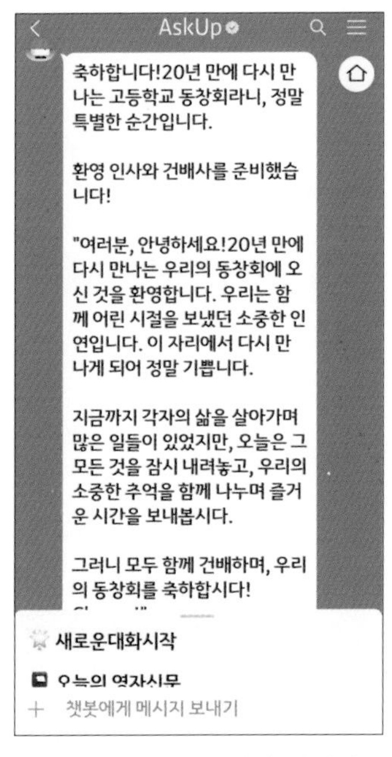

[그림31] 환영사 작성 메시지

Askup은 사용자가 기대하는 대답을 제공한다. 이는 마치 비서가 사용자의 요구를 듣고 필요한 문장을 만들어 주는 것과 같은 경험을 제공한다.

7) 보도 자료(기사) 만들기

짧은 문장을 만드는 것 외에도, 때때로 우리는 간단한 기사를 작성할 기회를 가질 수 있다. '새로운 대화' 아이콘을 사용해 새로운 기사 작성을 요청하면, 기사 형식에 맞추어 내용을 제공받을 수 있다.

2024년에 Lilys 와 Askup에 대해 전자 출판을 하려는데 보도기사 1000자 이내로 써줘.

라고 입력하면 [그림32]와 같이 기사를 작성해 준다.

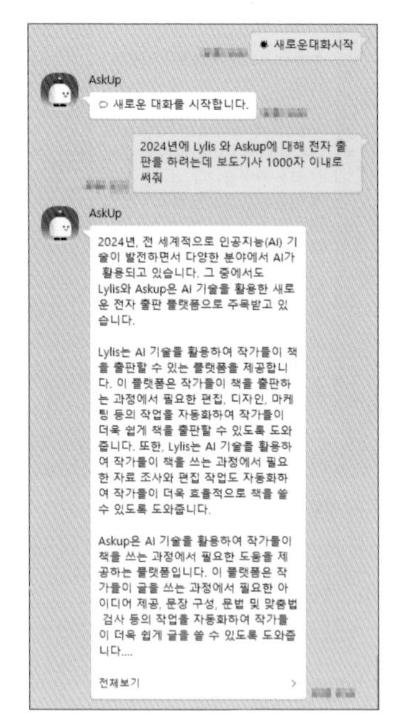

[그림32] 작성된 기사

AskUp은 카카오톡의 숨겨진 보물처럼 사용자에게 창의적인 대화를 할 수 있는 챗봇이다. 혁신적인 플랫폼 AskUp은 OCR 기술을 통해 이미지 내 텍스트를 추출하고 번역하는 능력을 제공해, 정보의 접근성을 높이고 언어 장벽을 없앨 수 있다.

다양한 언어와 전문 분야에 걸친 지식을 바탕으로 AskUp은 교육부터 법률, 의료까지 폭넓게 활용될 수 있는 미래지향적 도구가 될 것이다. 사용자의 창의력을 발휘하고 소통을 강화하는 AskUp의 무한한 가능성은 우리의 일상과 전문적인 활동으로 우리 모두에 혁신을 가져올 것이다.

Epilogue

새로운 지식의 여는 '내 손안에 AI 비서' 마무리

'내 손안의 AI 비서'의 여정을 마무리하며, 우리는 정보와 지식의 새로운 시대에 발을 들여놓게 된다. 'Lilys AI'와 'AskUp'을 통해 우리는 정보를 찾고, 분석하며, 요약하는 전통적인 방식을 넘어서 더 깊고 풍부한 지식의 세계로 나아갈 수 있다. 이제 우리는 이 두 AI 비서가 제공하는 통찰력과 지원을 바탕으로 더욱 지혜롭고 의미 있는 방식으로 정보를 활용할 준비가 됐다. 미래에 대한 탐구와 학습을 할 것이다. 그리고 '내 손안의 AI 비서'의 'Lilys AI'와 'AskUp'는 우리의 새로운 지식 플랫폼이 될 것이다.

'내 손안의 AI 비서', 'Lilys AI'와 'AskUp'은 단순히 정보를 효율적으로 관리하고 활용하는 데 많은 도움이 될 것이다. 정보 홍수 속에서 새로운 발견과 창조의 길을 열어 줄 것이며, '내 손안의 AI 비서'를 통해, 'Lilys AI'와 'AskUp'과 함께라면 정보 홍수 속에서도 우리는 끊임없이 발전하는 지식의 세계를 탐험할 수 있으며 지식 습득에 무한한 발전 가능성을 발견할 것이다.

소통하고 돌보는 AI 컨텐츠

이동현

제8장
소통하고 돈버는 AI 컨텐츠

Prologue

이 책을 살펴보는 분들은 다양한 형태의 콘텐츠 정보와 마케팅을 많이들 접해 봤으리라 생각한다, 최근 들어서 챗GPT와 AI를 활용한 디지털마케팅에 대해서도 우리가 생각하는 상상 이외의 놀라운 형태로써 현재도 발전 해나가고 있다. 더욱이 AI를 어떻게 디지털마케팅으로 활용하는 방법과 실제 적용된 사례와 이를 통해 어떠한 마케팅에 접근할 것인가와 그에 따른 효율성에 대한 인사이트 등을 제공하려고 한다.

나와 가장 근접한 업무 및 비즈니스에 따라서 챗GPT 프롬프트를 잘 활용하고 생성형 AI 콘텐츠를 마케팅으로써 잘 활용해 현재보다 나은 발전된 방법을 찾고, 무엇보다 경제적으로 금전적 이윤과 가치를 창출해 내어 이익에 기여하는 데 도움이 됐으면 한다.

특히 이번 저서의 내용은 기초~고급 전략까지 다양한 수준의 정보를 제공하는 마케팅 도서로 뿐만 아니라 사회, 경제, 문화, 교육 등 모든 분야에서 세대를 아우르며 AI 마케팅에 대한 누구나 관심 있는 아주 중요하고도 유익한 인사이트를 얻어갈 수 있는 자료로 활용할 수 있다고 생각한다.

이제 좀 더 구체적으로 AI와 좀 더 친밀히 가까워지며 소통하는 방법과 필자의 챗GPT 활용 사례, 그리고 생성형 AI 인공지능 콘텐츠의 주요 소개와 인공지능 기술 도입, 활용을 통해 비용을 절감하고 매출에 기여하는 방법을 소개하고자 한다. 예를 들어서 온라인 스토어 판매와 특히 라이브커머스 실시간 방송을 하는 입장에서 생성형 AI를 활용하는 사례와 다른 몇 가지 사례를 알려드리고자 한다.

1. 생성형 AI와 챗GPT 이해하기

1) AI 시대 본격화

국내 기업의 인공지능 도입률은 아직 4% 수준으로 여전히 낮고 경제성과는 아직 가시화되지는 않았으나 본격적인 인공지능 시대에 대비한 선제적 대응은 필요하다고 본다. 또한 인공지능으로 인해 대체될 일자리는 327만 개(총 일자리의 13.1%)로 제조업 내 주요 산업 및 전문가 직종에 일자리 소멸 위험이 클 것으로 전망, 일자리 소멸 대안 마련이 시급한 과제이다.

또한 비즈니스 영역에서 AI를 채택해 사업을 운영하는 수치는 계속 높아질 것으로 전망한다. AI에 대한 투자 수준도 AI를 사용하는 조직의 40%가 기존 디지털 예산에 현재는 절반 이상을 투자한다고 하며, 앞으로 응답자의 63%는 향후 3년 동안 조직의 투자가 증가할 것으로 예상한다고 답했다.

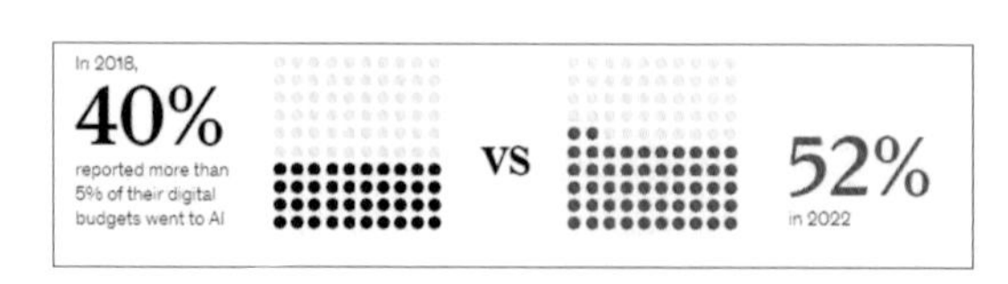

[그림1] AI 시대 본격화에 대비한 산업인력양성 과제, 2024.(출처: 산업연구원)

2) 챗GPT 이해하기

챗GPT는 Generative Pretrained Transformer의 약자로, 생성형 인공지능 모델이다. 이 모델은 사용자의 질문에 대한 텍스트 정보를 생성하고, 다양한 분야에서 상세한 응답과 완성도 높은 답변을 제공한다. 챗GPT는 프롬프트를 통해 사용자의 요청에 맞게 텍스트를 생성하며, 이를 통해 다양한 작업을 수행할 수 있다.

예를 들어, 문서 요약, 번역, 키워드 추출, 구성 목차 작성 등 다양한 작업에 활용된다. 챗GPT는 사용자의 요구에 따라 정확하고 명료한 답변을 제공하는 데 도움이 된다. 챗GPT는 미국의 인공지능 연구소 OpenAI에서 개발한 프로토타입 대화형 인공지능 챗봇이다.

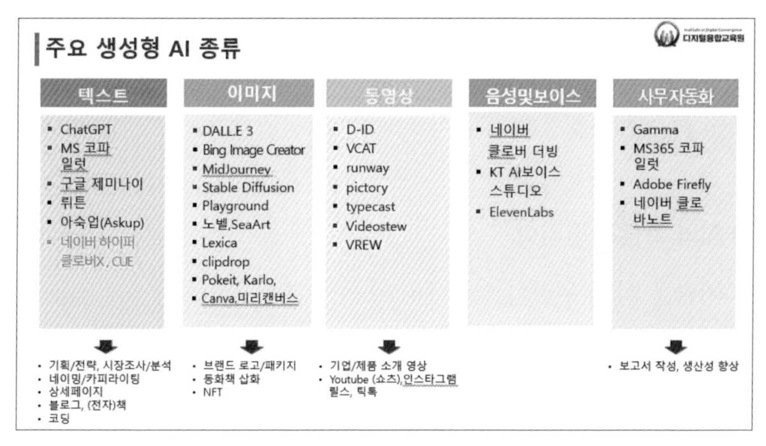

[그림2] 주요 생성형 AI 종류(출처: 디지털융합교육원)

GPT는 Generative Pretrained Transformer의 약자로, 텍스트 정보를 생성하는 역할을 한다. 이 모델은 컴퓨터 과학의 언어 및 인공지능 분야에속하며, 2022년 11월부터 프로토타입으로 시작됐다. 챗GPT는 다양한 지식 분야에서 상세하고 완성도 높은 답변을 생성해 집중을 받았다. 이 프롬프트를 제대로 활용하기 위한 26가지 원칙도 있으며, 이를 통해 응답의 정확성과 품질을 향상시킬 수 있다.

챗GPT는 창의적인 콘텐츠 제작과 텍스트 응답을 통한 검토 편집으로 좋은 콘텐츠를 빠르게 제작할 수 있다는 장점이 있고, 미래에는 더 많은 분야에서 챗GPT가 활용될 것으로 기대된다. 이러한 발전은 우리의 일상을 더욱 풍요롭게 만들어 주고 비즈니스에 매우 도움이 될 것이다.

3) AI 콘텐츠의 시대

AI 시대가 도래하면서 우리의 일상과 삶은 크게 변화하고 있다. 이제는 인공지능(AI)이 우리 주변에서 더욱 빈번하게 사용되며, 우리의 선택과 행동에 영향을 미치고 있다. 그럼에도 불구하고 우리는 어떻게 AI 시대를 맞이하고, 나다운 삶을 유지할 수 있을까?

(1) AI의 확산과 편리함

AI 기술은 이미 우리의 일상에서 많은 부분을 차지하고 있다. 음성 인식, 자연어 처리, 이미지 분석 등의 기술은 우리와 더욱 자연스럽게 소통하고 상호작용할 수 있게 해준다.

(2) 나다움의 유지

AI 시대에서도 우리는 나다운 삶을 살아갈 수 있다. AI가 우리를 대신해 일상의 노동과 고민을 해결해 줄 수 있기에 우리는 더욱 가치 있는 선택을 할 수 있다. 자기 주도성을 유지하고, 나만의 철학으로 삶을 살아가며 나다움을 유지할 수 있다.

비스포크의 AI와 나다운 집의 경우 삼성전자의 비스포크 가전은 개개인의 취향과 라이프스타일에 맞춰져 있다. 집이라는 공간을 나답게 꾸밀 수 있게 해주며, 우리의 일상을 혁신적으로 바꿔나갈 수 있다.

(3) AI 시대 주인공은 우리

AI 기술이나 기기가 주인공이 아니다. 우리가 AI를 온전히 누리고 나다운 삶을 살기 위해 노력해야 한다. 우리다운 라이프와 나다운 집을 만들기 위해 AI 기술을 활용해야 한다.

(4) AI 콘텐츠산업의 미래

AI 시대에서는 콘텐츠와 기술의 융합이 더욱 중요하다. AI를 활용한 가상 캐릭터, 음악, 방송 등 다양한 분야에서 새로운 시도와 혁신이 이뤄질 것이다. AI 시대는 우리에게 더 많은 선택과 기회를 제공하며 나다운 삶을 유지하는 방법은 우리의 선택에 달려 있다.

[그림3] 인공지능(출처: 챗GPT DELL-E 생성 이미지)

2. AI와 챗GPT의 기초, '프롬프트 작성' 이해하기

챗GPT는 인공지능 기반의 대화 모델로 사용자의 질문이나 요청에 사람처럼 응답을 생성할 수 있다. 이러한 상호작용의 핵심은 바로 프롬프트에 있다. 프롬프트란, 챗GPT에게 특정 작업을 수행하거나 정보를 제공하도록 요청하는 지시문이다. 프롬프트는 챗GPT에게 어떤 종류의 응답을 원하는지 알려주는 역할을 하기에 명확하고 구체적일수록 좋은 결과를 얻을 수 있다.

1) 챗GPT 프롬프트 작성 팁

(1) 명확하고 구체적으로 작성하기

챗GPT에게 요청하는 내용이 불분명하면 AI도 모호한 답변을 할 가능성이 높다. 따라서 원하는 답변의 형태를 명확하게 지정하고, 가능한 한 구체적으로 요청을 작성해야 한다.

(2) 문맥 제공하기

프롬프트에 추가적인 배경 정보나 문맥을 제공하면 AI가 요청을 더 정확하게 이해하고 관련성 높은 답변을 생성할 수 있다.

(3) 길이와 형식 지정하기

답변의 길이나 형식에 대한 기대치를 프롬프트에 포함하면 챗GPT가 그에 맞춰 응답을 조정할 수 있다. 예를 들어, '한 문장으로 요약해 주세요' 또는 '리스트 형식으로 제공해 주세요'와 같이 지시할 수 있다. 무엇보다 챗GPT와도 교감과 교류가 될 수 있는 이해와 소통이 무엇보다 중요하다. 이는 매우 앞으로 매우 중요한 문제라고 볼 수 있다.

2) 분야별 챗GPT 프롬프트 활용 사례

(1) 마케팅을 위한 최고의 챗GPT 프롬프트

마케팅 전략 수립, 콘텐츠 아이디어 생성, 광고 카피 작성 등 다양한 마케팅 활동에 챗GPT를 활용할 수 있다.

(2) 블로그 포스트 아이디어 생성하기

블로그 콘텐츠 계획을 세울 때는 주제의 범위, 원하는 톤, 그리고 길이를 챗GPT에게 명시해야 한다.

(3) 학습 가이드 제작 요청하기

교육 자료나 학습 가이드를 요청할 때는 학습 목표와 원하는 형식, 길이를 구체적으로 명시하는 것이 중요하다.

프롬프트는 AI와의 소통으로 매우 중요하면서도 내용과 형식이 필요하고, 내용 면에서는 주제와 상태가 필요하며, 형식에는 분량을 필요로 한다. 제대로 된 질문을 해야만 제대로 된 답변을 얻을 수 있다. 'Garbage in, garbage out'이라는 컴퓨터 과학에서 데이터 처리에 대해 말할 때 자주 사용되는 말인데 '쓰레기가 들어가면 쓰레기가 나온다'라는 말의 의미를 잘 생각해 볼 필요가 있다. 업무에 바로 적용할 수 있는 챗GPT 프롬프트 질문 세트 사례로는 다음과 같다.

no	한글	영문
1	특정 주제나 분야의 정보를 수집하고 정리해 주세요.	Please collect and organize information on a specific topic or field.
2	시장 조사 보고서를 작성해 주세요.	Please write a market research report.
3	대시보드나 데이터 시각화를 위한 정보를 수집해 주세요.	Please collect information for dashboard or data visualization.
4	고객 만족도 조사 결과를 분석해 주세요.	Please analyze the results of customer satisfaction surveys.
5	경쟁사 분석 보고서를 작성해 주세요.	Please write a competitive analysis report.
6	새로운 제품이나 서비스 개발을 위한 시장 분석을 수행해 주세요.	Please perform market analysis for new product or service development.
7	인터넷이나 미디어에서 특정 키워드나 브랜드를 검색하고 분석해 주세요.	Please search and analyze specific keywords or brands on the internet or media.
8	시장 동향 및 예측을 위한 리서치 보고서를 작성해 주세요.	Please write a research report on market trends and forecasts.
9	새로운 비즈니스 아이디어나 기회를 찾기 위한 정보 수집과 분석을 수행하	Please perform information collection and analysis for finding new business ideas or opportunities.
10	제품/서비스 출시를 위한 소비자 인사이트를 제공해 주세요.	Please provide consumer insights for product/service launches.
11	통계 데이터를 수집하고 분석해 주세요.	Please collect and analyze statistical data.
12	최신 연구 및 논문을 검색하고 정리해 주세요.	Please search and summarize the latest research and papers.
13	대학/연구 기관/정부 등에서 수집한 자료를 요약하고 보고서로 작성해 주	Please summarize data collected from universities/research institutes/government agencies and write
14	사회/문화/환경 등 다양한 분야의 문제에 대한 인식 조사 보고서를 작성해	Please write an awareness survey report on various issues such as social/cultural/environmental issue
15	비즈니스 현장의 업계 동향을 조사하고 보고서로 작성해 주세요.	Please research and write a report on industry trends in the business field.
16	정책, 법규제 등 변화된 환경에 대한 리서치를 수행해 주세요.	Please perform research on changes in policies, regulations, and other environmental factors.
17	고객 행동 분석 및 세분화를 위한 리서치를 수행해 주세요.	Please perform research on customer behavior analysis and segmentation.
18	기업이나 브랜드의 이미지와 평판을 분석해 주세요.	Please analyze the image and reputation of companies or brands.
19	특정 국가/지역/산업의 시장 조사 보고서를 작성해 주세요.	Please write a market research report on a specific country/region/industry.
20	인터뷰나 설문 조사를 통해 수집한 자료를 분석하고 보고서로 작성해 주세	Please analyze data collected through interviews or surveys and write a report.
21	대중매체나 SNS에서의 소비자 반응 및 브랜드 이미지 분석을 수행해 주세	Please analyze consumer reactions and brand image on mass media or social media.
22	인터넷에서 유행하는 키워드나 트렌드를 조사하고 보고서로 작성해 주세	Please research and write a report on popular keywords or trends on the internet.
23	금융, 경제, 투자 등의 분야에 대한 리서치 보고서를 작성해 주세요.	Please write a research report on finance, economics, investment, and related fields.
24	브랜드 혁신을 위한 리서치를 수행해 주세요.	Please perform research for brand innovation.
25	기업 인사정책 및 채용 전략에 대한 리서치 보고서를 작성해 주세요.	Please write a research report on corporate personnel policies and recruitment strategies.
26	특정 상품이나 서비스의 사용성과 만족도를 조사하고 보고서로 작성해 주	Please research the usability and satisfaction of a specific product or service and write a report.
27	마케팅 캠페인의 효과를 분석하고 보고서로 작성해 주세요.	Please analyze the effectiveness of marketing campaigns and write a report.
28	고객이 원하는 서비스와 요구 사항에 대한 리서치를 수행해 주세요.	Please perform research on services and requirements that customers want.
29	기업의 경영 전략과 관련된 리서치 보고서를 작성해 주세요.	Please write a research report related to the company's management strategy.
30	고객과의 만족도 조사를 위한 설문지 및 질문 항목을 작성해 주세요.	Please create a questionnaire and survey questions for customer satisfaction surveys.

[그림4] 업무 적용 프롬프트 사례1(출처 : 디지털융합교육원 제공)

no	한글	영문	개요
1	3C 분석	3C Analysis	고객(Customer), 경쟁사(Competitor), 기업(Company)을 분석하여 마케팅 전략을 수립하는 분석 모형
2	4P 전략	4P Strategy	상품(Product), 가격(Price), 판매채널(Place), 프로모션(Promotion)을 통해 마케팅 전략을 구성하는 프레임워크
3	5 Forces 분석	Five Forces Analysis	새로운 기업 진입의 위협성, 공급업체의 교섭력, 대체 제품 및 서비스의 위협성, 구매자의 교섭력, 기존 경쟁 업체의 경쟁력 등 5개의 분야를 분석하여
4	7S 모델	7S Model	전략(Strategy), 구조(Structure), 시스템(Systems), 스태프(Staff), 기술(Technology), 스타일(Style), 공유 가치(Shared Values)를 총칭하여 조직의 전략
5	8D 분석	8D Analysis	문제 식별, 조치 계획 수립, 원인 규명, 영향 분석, 영구 조치 계획 수립 등 8단계로 이뤄지는 문제 해결 프로세스
6	BCG 매트릭스	BCG Matrix	제품 포트폴리오 분석 도구로, 시장 성장률과 기업 내 제품의 점유율을 기반으로 제품의 생애 주기와 경쟁력을 분석
7	블루 오션 전략	Blue Ocean Strategy	경쟁 업계를 탈피하여 새로운 시장을 개척하는 전략으로, 시장을 넓히거나 창조하여 경쟁을 회피하는 전략
8	포터의 경쟁 전략	Porter's Competitive Strategy	경쟁 우위를 확보하기 위한 대표적인 전략으로, 전체 비용 리더십 전략, 차별화 전략, 집중 전략 등이 있음

[그림5] 업무 적용 프롬프트 사례2(출처 : 디지털융합교육원 제공)

이처럼 프롬프트 엔지니어링은(prompt engineering) 인공지능 언어모델을 사용해 최적의 결과를 얻기 위한 프롬프트(지시문)를 효과적으로 설계하는 기술이다.

3) 비즈니스에 AI 접목하기(프롬프트 설계 방법)

앞에서 언급한 바와 같이 프롬프트로 활용하는 몇 가지 이야기를 해보려 한다.

(1) 분명하고 구체적인 지시

분명하고 구체적인 지시로써 정확하게 이해할 수 있도록 명확하고 구체적인 지시를 해야만 한다.

(2) 관련성 높은 답변 유도

원하는 결과, 목적, 의도를 정확하게 밝히고 관련성 높은 답변을 유도한다.

(3) 핵심 내용만 간결하게

불필요한 정보는 제거하고 핵심적인 내용에 간결하게 유지하고 집중한다.

(4) 배경 정보 및 문맥 제공

필요한 경우 모델의 주제에 대한 이해를 돕기 위해 배경 정보나 문맥을 제공한다.

(5) 다양한 유형의 질문

다양한 유형의 질문을(예 : 예, 아니오, 열린 질문, 선택형 질문 등) 사용해 다양한 정보를 얻기로 한다.

(6) 피드백 활용

모델의 답변에 기반해 프롬프트를 조정하고 개선하는 방법으로 피드백을 활용한다.

(7) 창의적 접근

기존의 사고방식에 얽매이지 않고 새롭고 창의적인 접근 방식으로 프롬프트를 구성해 본다.

(8) 명확한 표현

모호하거나 다의적인 표현은 피하고, 모델이 오해할 여지가 없도록 명확히 표현하기로 한다.

(9) 소통을 전제로 맞춤화

대화의 톤과 스타일을 고려해 소통하는 것을 전제로 프롬프트를 맞춤화한다.

(10) 시나리오 설정해 질문

복잡한 문제를 해결할 때에는 시나리오를 설정해 질문을 구성해 보기로 한다.

(11) 일관성 유지

연속적인 대화에서는 이전의 대화 내용을 참고해 일관성을 유지한다.

(12) 효과적인 방법으로 탐색

다양한 접근 방식을 시도해 어떤 방식이 좋을지 가장 효과적인 방법으로 탐색하고 시도한다. 이러한 내용을 바탕으로 챗GPT와 AI 인공지능 모델을 비즈니스에 활용할 때에 보다 더욱 정확하고 유용한 결과를 얻을 수 있을 것이다.

4) 라이브 방송 스튜디오와 AI

앞에서 배운 바와 같이 챗GPT와 AI가 '온라인 셀링' 특히 '라이브 방송'과는 어떤 상관관계가 있으며 그에 따른 수익 창출은 어떠한 것이 있을까?

라이브 방송을 하기 위한 과정에는 그 절차에 따른 프로세스가 필요하다. 우리가 라이브 방송을 하기 위해서 특히 온라인상에서 상품을 진열하고 판매할 때는 상품의 이미지, 정보, 상세 페이지, 방송하기 위한 대본, 큐시트, 방송 온·오프라인 DP 구성, 온라인 방송 구도, 글 위치, 중간 삽입 영상 및 오프라인 스튜디오에서의 쇼호트 위치, 진열대, 상품 위치배열 및 사전·사후 마케팅 숏폼 영상, SNS 홍보, 유투브 홍보 등의 많은 공정과 업무를 필요로 하고 그에 따른 시간이 매우 필요하다.

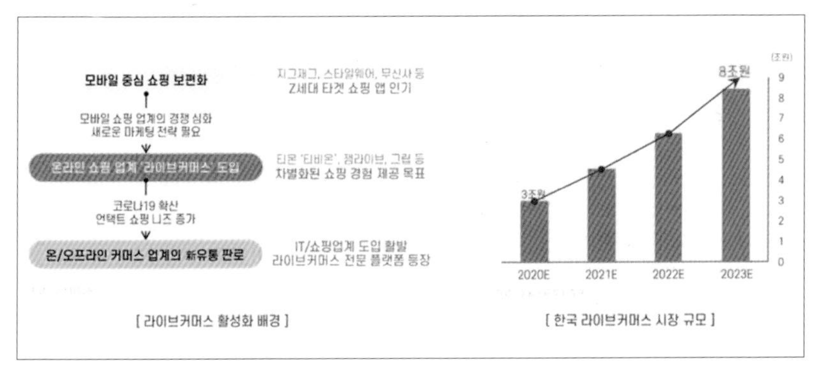

[그림6] 라이브커머스 활성화(출처: 나스미디어)

라이브커머스는 실시간 온라인 동영상 채널을 통해 상품을 판매하는 비대면 쇼핑 형태이다. 오프라인 매장에서 대화하듯이 온라인에서 실시간으로 판매자와 소비자가 소통하면서 쇼핑을 즐길 수 있는 '라이브스트리밍(Live Streaming)'과 '커머스(Commerce)'의 합성이 라이브커머스이다.

쇼호스트가 실시간으로 제품을 설명하고 판매한다는 점에서 TV홈쇼핑과 매우 유사하다. 언택트 시대에서 많은 어려움을 겪고 있는 오프라인 소매점과 TV홈쇼핑으로 입점하기 어려운 소상공인들에게 모바일을 중심으로 고객과 만나서 실시간으로 소통하고 다양한 상품을 직·간접적으로 판매 할수 있는 새로운 기회를 제공하고 있다.

[그림7] 쇼핑라이브 1(출처 : 네이버 쇼핑라이브)

[그림8] 쇼핑라이브 2(출처 : 네이버 쇼핑라이브)

이러한 점을 우리가 배우는 생성형 AI로 잘만 활용한다면, 기존 지출에 따른 비용 절감 효과와 비용 손실 감소, 많은 부분을 차지하는 외주비용 절약 등을 기대해 볼 수 있다. 즉 생성형 AI의 활용으로써 일단 기본적인 지출 절감과 불필요한 시간 손실 방지는 물론, 질적인 수준의 마케팅으로 인한 수익 창출 또한 기대해 볼 수 있다.

이러한 분야는 온라인 이커머스 창업가, 라이브커머스 기획운영자, 모바일 로컬 쇼호스트, 퍼스널브랜딩 활동가, 콘텐츠 디지털 크리에이터 등의 분야에 활용할 수 있다.

IT 플랫폼사 기존 플랫폼 유저 충성도	온/오프라인 유통사 기존 유통 노하우 및 고객 데이터 보유		라이브커머스 전문 플랫폼 유명인 참여로 재미 요소 증대
1. 네이버' N쇼핑라이브 ' 2. 카카오 '카카오 쇼핑라이브' 3. 잼라이브 '잼툭가 라이브' 진행	1. 자체 쇼핑몰 사이트 내 라이브 쇼핑 기능 탑재	2. 라이브커머스 플랫폼과 제휴 형태로 진행	1. 국내 최초 라이브커머스 플랫폼 '그립' 2. 해외 직구 특화 플랫폼 '소스라이브 '
NAVER kakao JAM	11번가 TMON INTERPARK StyleShare	SHINSEGAE THE HYUNDAI AK PLAZA	VOGO Grip Sauce

[그림9] 플랫폼 비교(출처 : 나스미디어)

라이브커머스 방송의 진행 프로세스는 [그림10]과 같다. 방송의 단계마다 꼭 적절하게 활용한 AI 생성 콘텐츠로 인해 매우 빠른 작업 효율을 기대할 수 있으며 이로 인한 시간 절약효과 및 소통에 매우 큰 장점을 갖는다. 이는 결국 여러 부분에 있어 지출 등을 절감할 수 있다.

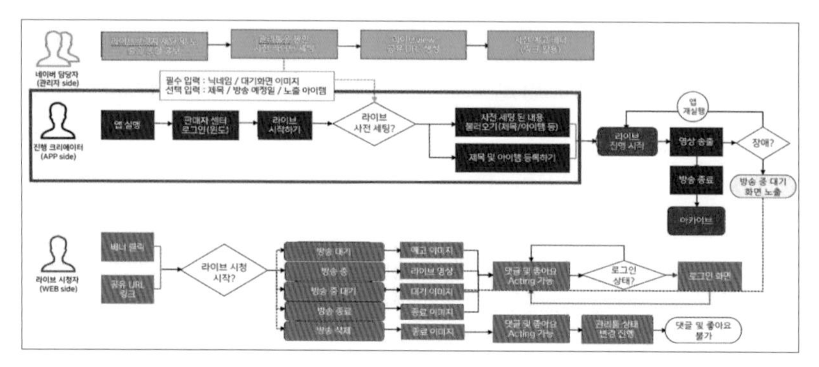

[그림10] 라이브커머스 방송 진행 프로세스(출처 : 한국통신판매사업자협회)

3. 생성형 AI로 상품 이미지와 상세 페이지 제작하기

온라인 셀러로서 가장 기본적인 로고 만들기, 상품 이미지 제작, 상세 페이지 제작, 홍보용 카드뉴스 제작 등은 무엇보다도 캔바 AI 활용이 가장 적합하다. 국내의 미리캔버스도 캔바와 흡사한 클라우드 기반의 국내 프로그램이며 별도 앱 설치 없이 검색하고 바로 접속해서 로그인해 사용할 수 있다. 쉽게 이미지를 편집하고 디자인툴을 활용할 수가 있어서 SNS 마케팅 및 상품 셀러를 위해 매우 효과적이다.

[그림11] 캔바 화면(출처: 캔바 환경)

다음은 필자가 캔바로 간단히 제작한 로고 이미지와 상품 이미지 샘플이다.

[그림12] 로고

[그림13] 상품 이미지

이처럼 다양하게 원하는 방향에 따른 디자인을 제작할 수 있고 사용하기도 매우 쉽다. AI 탬플릿을 통한 어려 기능을 활용해 고품질로 결과를 얻을 수 있다. 특히 온라인 셀러를 운영하는 입장에서는 디자이너는 필수 요소임으로 그 효과가 크다고 볼 수 있다.

4. 동영상 콘텐츠 제작과 생성형 AI 인공지능

생성형 AI는 그 무엇보다 동영상 콘텐츠 제작에 엄청난 혁신을 갖고 왔고 앞으로도 상상외의 혁신적인 기술을 갖고 올 것이라 기대한다.

[그림14] AI 관련 영화(출처 : 네이버)

필자는 오랜 기간 현업으로 영화, 광고, 방송, 프로덕션의 콘텐츠 기획 제작의 업무를 해온지라 무엇보다 동영상이 미디어 전반에 걸쳐서 다양하고 고품질의 변화를 가져오고 생산하는 것에 대한 트랜드를 너무도 잘 알고 있다. 이러한 변화와 고품질의 비디오 콘텐츠, 창의적인 디자인, 뛰어난 동영상 제작 방식, AI 툴을 소개하는 데 있어 매우 놀랍고 너무도 감격스러운 변화에 기쁘기도 하다. 그러나 한편으로는 인간의 창의성과 AI가 표현하는 시뮬레이션 등에 따른 생태계적인 측면에서의 접근 방식, 공정성, 저작권, 사회적인 윤리 및 요인 등에 대해서는 걱정되는 부분도 없지 않다.

하지만 놀라운 기술을 즉각적으로 표현하고 보이는 결과물로 인해 그러한 걱정은 잠시 잊어버릴 수밖에 없는 현실이다. AI 기반의 동영상 제작

편집 툴로써 현재 나와 있는 것만 많을뿐더러 계속 적으로 새로운 형태가 출시되고 있는 상황이다.

그중 몇 가지를 소개해 보면 온라인 판매 상품 이미지 및 숏폼 라이브에 홍보마케팅으로 사용할 수 있는 좋은 툴로써 '브이캣'의 기술은 정말 뛰어나다. 온라인 판매를 하는 상품의 상세 페이지를 그대로 불러들여서 상품 홍보 광고 영상을 바로 제작해 자동화 생성하는 브이캣 htvcat.ai 이 있다.

또한 이미지, 명령어로만 자동으로 영상이 제작되는 런어웨이 툴(Runaway.com)이 있으며 크리에이터 비디오 기능인 Kaiber.ai, 텍스트 입력 유튜브 영상을 제작해 주고 있는 플리키(fliki.ai), 모바일에 최적화가 돼 있는 민트에이아이(mint.ai) 그리고 이 역시 모바일앱으로 직관적인 영상편집을 제작해 주고 있는 블로(vllo.io)가 있다.

그리고 자동으로 테스트 자막을 생성해 주고 음성 보이스가 자동으로 만들어지는 브루(vrew.voyagerx.com), 최근 생성 AI 중 패션 온라인 판매 분야에 매우 관심이 있을 만한 위샵(kr.weshop.ai)이 다양한 AI 모델 이미지를 생성하고 모델을 교체하고 제품이미지를 바꾸는 등의 실험적 툴도 관심 있게 살펴볼 필요가 있다.

몇 가지 더 소개하면 Jasper AI는 텍스트 콘텐츠 자동 생성으로 블로그 게시물부터 광고 문구까지 쉽게 작성하고, Invideo AI는 단 몇 번의 클릭으로 텍스트를 전문적인 영상으로 변환을 해준다. Speechify는 텍스트를 자연스러운 음성으로 듣고 싶은 모든 것을 오디오로 전환하며, Kickresume는 AI가 이끄는 이력서 작성으로 당신을 면접의 단골 손님으로 만들어 준다.

Storia AI는 아이디어를 스토리보드로 직관적으로 전환, 영상 제작의 첫 단계라고 볼 수 있다. Tldv.io는 긴 영상의 핵심을 요약, 정보 습득 시간을 대폭 단축해 준다. 이처럼 많은 동영상 분야 쪽으로 생성형 AI를 이 책에서 모두 다 소개할 수는 없기에 이 중 한 가지를 구체적으로 소개하려 한다. 바로 영상 자동 제작 기능이 굉장히 심플하고 편리한 비디오스튜(https://videostew.com)이다.

AI 기반의 온라인 동영상 편집 툴로써 유투브 쇼츠, 인스타 릴스, 틱톡 영상 제작은 물론 홍보, PR 용도의 브랜드 강화, 이벤트 등 소식을 알리는 용도로도 활용 가능하다. 장점으로는 영상의 자동 생성 기능과 빠른 제작에 매우 용이할 뿐 더러 AI 음성제공이 가능하고 나레이션, 배경음악도 제공한다. 또한 기능 안에 스톡 이미지, 동영상, 음악, 소리가 모두를 제공한다.

하지만 이처럼 간단한 작업에 용이하고 디테일하고 복잡한 편집 용도에는 조금 어려움이 있다. 그러나 장점으로는 자동 생성 매칭 효과 기술의 퀄리티는 매우 뛰어나고, 블로그의 글과 사진 등을 그대로 불러들여 와서 바로 영상 제작이 가능한 점과 아웃풋의 결과물로 바로 유튜브로 연결이 빠르게 된다는 것이다.

텍스트 스타일링과 디자인적인 부분의 수정은 조금 한계가 있으며 일정 기간 사용 후 유료 전환은 다소 단점이라고 볼 수 있다. 하지만 이러한 작업으로 온라인 판매 또는 브랜드를 동영상으로 제작해 홍보하고자 한다면 매우 유용하게 활용하고 마케팅할 수 있을 것이다. 그럼 독자들과 같이 실습을 해볼 수 있게 다음과 같이 정리하고 설명을 해보기로 한다.

1) 비디오 스튜

- 템플릿으로 시작 : 다양한 용도에 맞는 탬플릿을 선택해 비디오 제작을 시작한다.
- 트랜지션 효과 추가 : 시청자의 주의를 끌 수 있는 매력적인 트랜지션 효과로 비디오를 풍부하게 한다.
- 무료 리소스 사용 : 비디오, 이미지, 폰트, 음악 등 다양한 무료 리소스를 사용해 콘텐츠의 가치를 높인다.
- 협업 공간 : 팀워크를 강화하고 프로젝트를 효율적으로 관리할 수 있는 협업 공간을 제공한다.
- 원클릭 YouTube 업로드 : 다운로드 없이 비디오를 편집하고 한 번에 제목, 설명, 태그와 함께 YouTube에 업로드한다.

2) 비디오 스튜 시작하기

먼저 비디오 스튜 사이트로 들어가서 구글로 로그인한다.

[그림15] 비디오 스튜 메인화면

그리고 위자드 모드에서 바로 프로젝트의 이름을 기재한다.

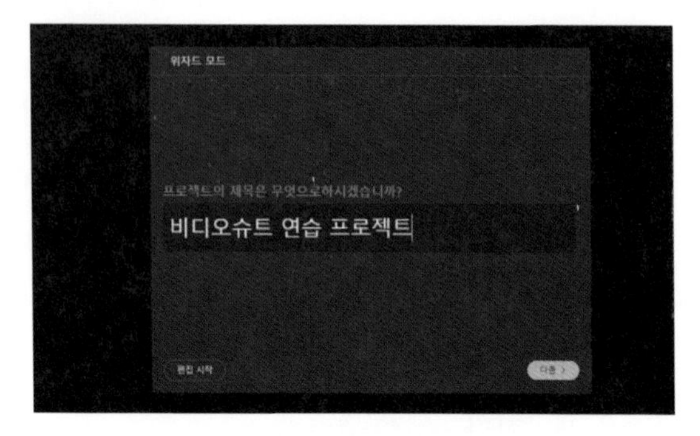

[그림16] 프로젝트 이름 정하기

위자드 모드에서 그 프로젝트의 내용을 작성한다.

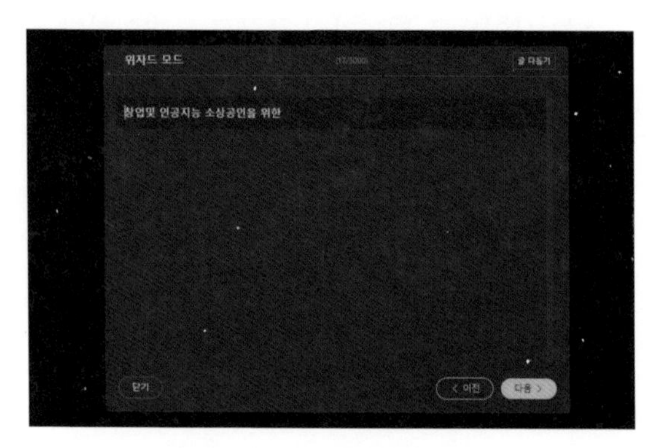

[그림17] 프로젝트 내용 작성

또 다른 기능으로 본문텍스트가 아닌 본문이 있는 URL에서는 본인의 블로그 URL을 그대로 입력한다. 그럼 블로그 내용의 텍스트와 사진 이미지가 불러와진다.

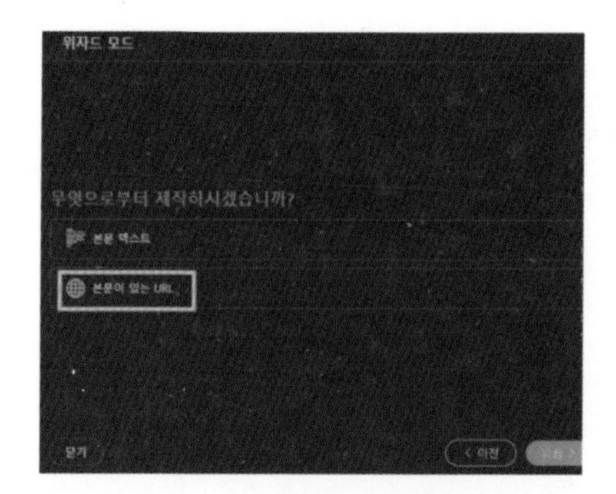

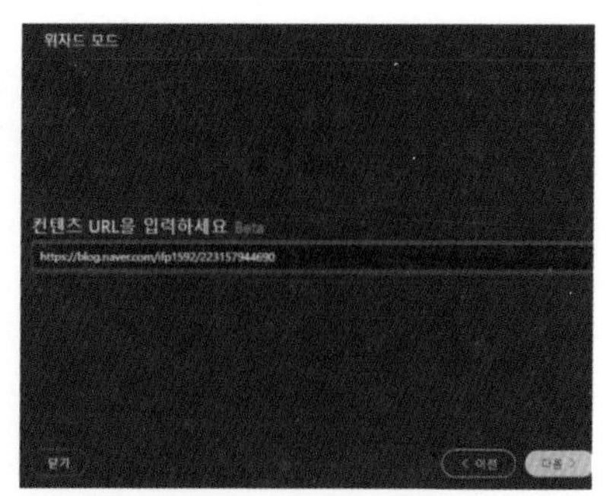

[그림18] 본인의 블로그 URL 입력하기

위자드 모드에서는 프로젝트 크기, 배경음악, 나레이션, 텍스트 등을 셋팅 및 설정할 수 있다.

[그림19] 다양한 기능 설정

이제 셋팅 한 전체 프로젝트를 볼 수 있고 여기서 소스 화면 등을 세부적으로 편집할 수 있다.

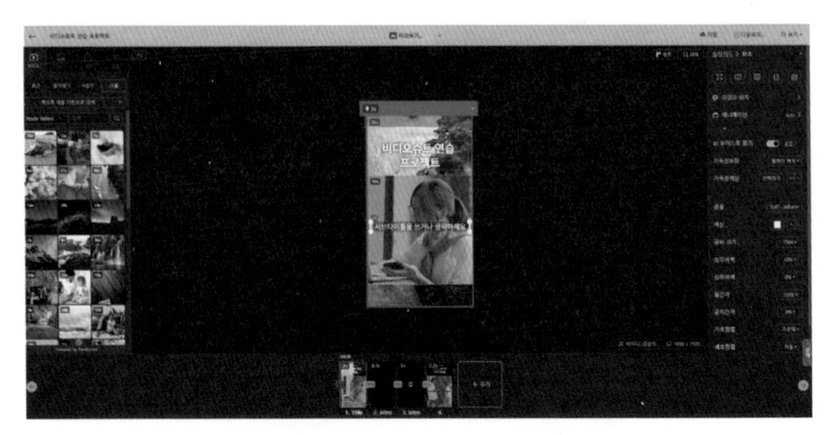

[그림20] 셋팅 된 전체 프로젝트

세부적인 기능으로 내용에 맞는 소스 화면 등을 스톡 동영상으로 교체 및 크기 조절과 텍스트에 맞게끔 AI 보이스 선택 기능 등을 세부적으로 할 수 있다. 또한 글꼴 변환, 색상, 크기 조절 등을 할 수 있다.

[그림21] 세부 설정하기

이제 편집된 화면을 미리보기 기능으로 확인해 볼 수 있다.

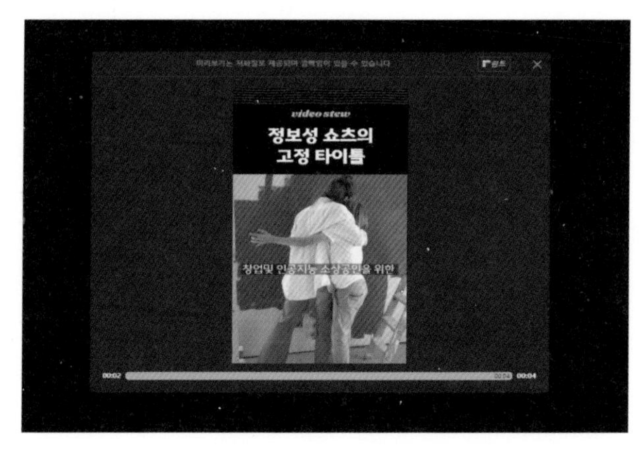

[그림22] 편집화면 미리보기

전체 화면 프로젝트에서 미리보기로 확인하고 다시 세부적으로 조절해 편집을 계속 진행한다.

[그림23] 세부 조절 편집 진행하기

이제 오른 쪽 상단의 다운로드 기능을 통해 다운로드를 할 수 있다.

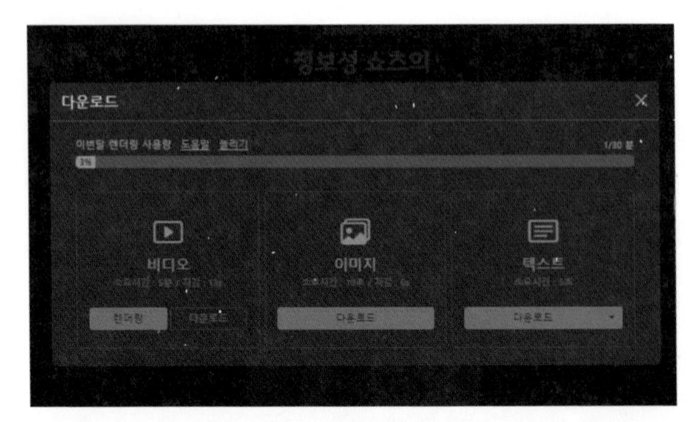

[그림24] 다운로드 하기

비디오 스튜의 좋은 기능인 공유하기를 통해 유투브 링크로 연결해 바로 업로드 진행을 할 수있다.

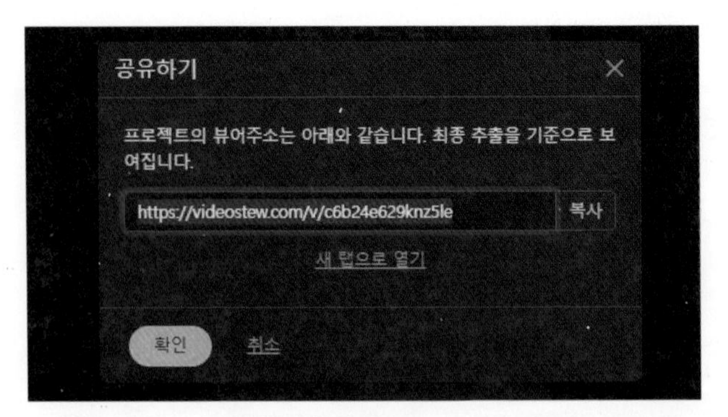

[그림25] 유튜브로 업로드하기

이제 AI기반의 온라인 동영상 편집 툴인 비디오 스튜의 기능을 다시 한 번 정리해 보기로 한다.

3) 비디오 스튜 기능 정리

- 멀티슬라이드 편집 통한 디자인 일관성 유지 : 같은 디자인을 반복하지 않고 여러 슬라이드를 효율적으로 편집할 수 있다.
- 실시간 미리보기 기능 : 편집 작업의 흐름을 유지하며 즉시 결과를 확인할 수 있다.
- 텍스트 입력으로 비디오 편집 완성 : 복잡한 조작 없이 텍스트만으로 비디오를 완성할 수 있다.
- 다양한 전환 효과와 무료 리소스 사용 : 비디오에 시선을 끄는 전환 효과를 추가하고, 다양한 비디오, 이미지, 폰트, 음악을 무료로 사용해 콘텐츠의 가치를 높일 수 있다.
- 협업을 위한 작업 공간 : 프로젝트를 효율적으로 관리하며 팀워크를 강화할 수 있다.
- YouTube로의 원클릭 업로드 : 다운로드 없이 바로 비디오를 제목, 설명, 태그와 함께 업로드할 수 있다.

이러한 기능을 통해 사용자는 비디오 콘텐츠를 쉽고 빠르게 제작할 수 있으며 개인, 기업, 교육 기관 등 다양한 분야에서 활용이 가능하다.

5. 기획 단계에서의 AI 활용, 프롬프트 활용 콘티 작성 (스토리텔링 프롬프트)

우리가 여러 가지 분야를 기획하는 과정에서 상품을 기획하고 판매하려는 온라인 셀러 혹은 마케터 입장에서 챗GPT와 MS 코파일럿을 활용하는 시연 등을 통해 우리는 많은 것을 얻어 갈 수 있을 것이다.

먼저 나 자신이 온라인 셀러이면서 마케터라고 가정하고 챗GPT 또는 코파일럿에게 질문을 던져보고 이와 관련한 내용을 소통을 통해 프롬프트를 진행하면 좋겠다. 위 내용으로 코파일럿에 질문을 던졌더니 다음과 같은 답변이 왔다.

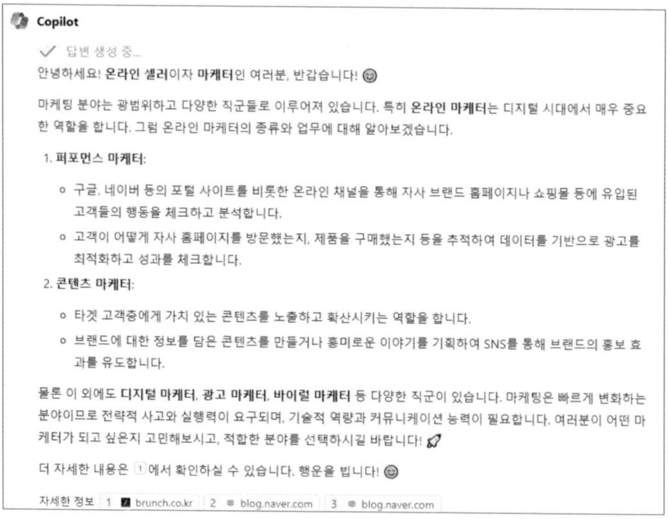

Copilot

✓ 답변 생성 중...

안녕하세요! **온라인 셀러**이자 **마케터**인 여러분, 반갑습니다! 😊

마케팅 분야는 광범위하고 다양한 직군들로 이루어져 있습니다. 특히 **온라인 마케터**는 디지털 시대에서 매우 중요한 역할을 합니다. 그럼 온라인 마케터의 종류와 업무에 대해 알아보겠습니다.

1. **퍼포먼스 마케터**:
   - 구글, 네이버 등의 포털 사이트를 비롯한 온라인 채널을 통해 자사 브랜드 홈페이지나 쇼핑몰 등에 유입된 고객들의 행동을 체크하고 분석합니다.
   - 고객이 어떻게 자사 홈페이지를 방문했는지, 제품을 구매했는지 등을 추적하여 데이터를 기반으로 광고를 최적화하고 성과를 체크합니다.
2. **콘텐츠 마케터**:
   - 타겟 고객층에게 가치 있는 콘텐츠를 노출하고 확산시키는 역할을 합니다.
   - 브랜드에 대한 정보를 담은 콘텐츠를 만들거나 흥미로운 이야기를 기획하여 SNS를 통해 브랜드의 홍보 효과를 유도합니다.

물론 이 외에도 **디지털 마케터**, **광고 마케터**, **바이럴 마케터** 등 다양한 직군이 있습니다. 마케팅은 빠르게 변화하는 분야이므로 전략적 사고와 실행력이 요구되며, 기술적 역량과 커뮤니케이션 능력이 필요합니다. 여러분이 어떤 마케터가 되고 싶은지 고민해보시고, 적합한 분야를 선택하시길 바랍니다! 🚀

더 자세한 내용은 [1]에서 확인하실 수 있습니다. 행운을 빕니다! 😊

자세한 정보 1 brunch.co.kr 2 blog.naver.com 3 blog.naver.com

[그림26] 코파일럿 답변1

다음은 또 한 번 나는 지금 새로운 상품을 기획 중인데 여름용 남녀 티셔츠의 온라인 판매 마케팅을 위한 쇼핑라이브를 하려고 해. 그래서 그에 따른 스토리 기획 구성 대본을 작성해 줘. 약 20줄 내외 정도 분량으로 기승전결에 맞는 상품 스토리 콘티를 부탁할게!

이렇게 프롬프트를 넣었더니 코파일럿의 답변은 다음과 같다.

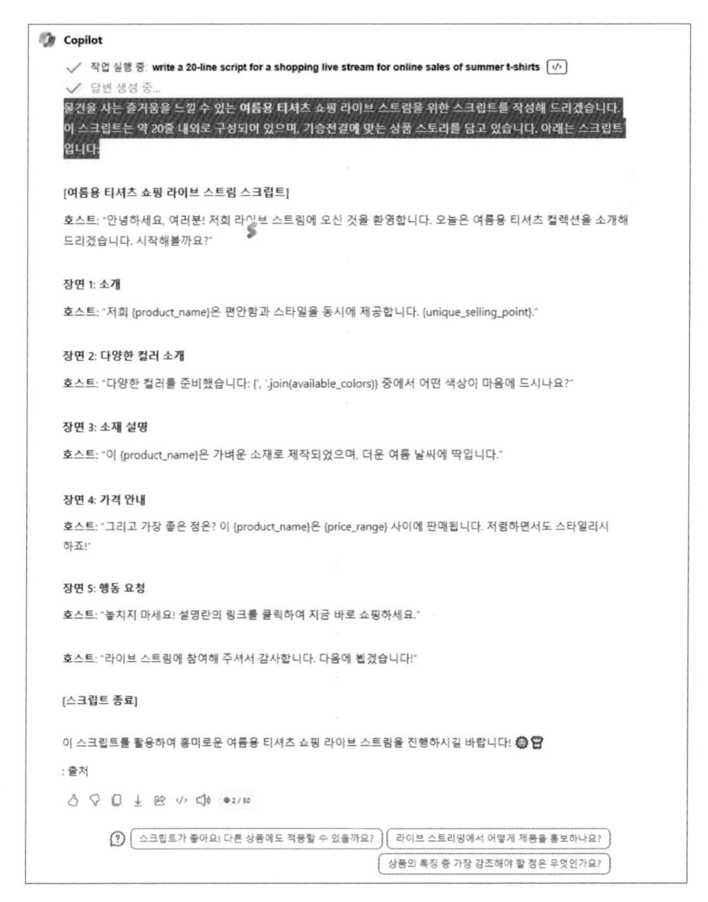

[그림27] 코파일럿 답변2

같은 내용으로 챗GPT에게도 물어보았다.

ChatGPT

여름이 다가오면서 시원하고 스타일리시한 티셔츠를 찾는 이들이 점점 늘어나고 있습니다. 우리의 새로운 여름 티셔츠 컬렉션은 이러한 니즈에 딱 맞는 제품들로 가득 차 있습니다. 이번 특별한 쇼핑 라이브에서, 우리는 단순히 제품을 소개하는 것을 넘어서, 고객들에게 즐거운 경험과 함께 티셔츠의 매력을 전달하고자 합니다.

첫 번째로, 우리의 티셔츠는 최고급 소재를 사용하여 피부에 부드럽고 쾌적한 착용감을 선사합니다. 이는 특히 더운 여름철에 더욱 중요한 요소입니다. 또한 다채로운 컬러와 디자인으로 다양한 취향과 스타일에 맞춰 고객들이 선택할 수 있도록 하였습니다.

두 번째로, 우리의 티셔츠는 탄탄한 제작 과정을 거쳐 오랜 시간 동안 유지될 수 있도록 디자인되었습니다. 고객들은 단순히 이번 여름만을 위한 제품이 아니라, 장기적으로 활용할 수 있는 가치 있는 아이템을 구매한다는 믿음을 가질 것입니다.

이 쇼핑 라이브에서는 우리의 제품을 보다 생생하게 경험할 수 있도록 다양한 시각 및 감각적인 요소를 활용할 것입니다. 선명한 해변 풍경과 함께 모델들이 티셔츠를 착용하며 활동하는 모습을 보여줌으로써, 고객들은 제품의 실제 착용감과 스타일을 직접 경험할 수 있을 것입니다.

마지막으로, 우리는 이번 티셔츠 컬렉션을 통해 고객들에게 여름의 자유로움과 경쾌함을 느끼게 하고자 합니다. 이를 위해 각각의 제품에는 여름의 활기찬 분위기를 담은 특별한 메시지가 포함되어 있습니다. 이는 단순히 제품을 구매하는 것을 넘어서, 고객들에게 즐거운 여름의 추억을 선사할 것입니다.

이번 쇼핑 라이브에서는 오직 제품을 소개하는 것을 넘어서, 고객들에게 특별한 경험과 감동을 선사할 것입니다. 함께 여름의 시원함과 스타일을 느껴보시기 바랍니다. 함께하는 여러분들께서 기억에 오래 남을 특별한 경험을 선사할 것을 약속드립니다. 함께해주셔서 감사합니다.

[그림28] 챗GPT 답변

이런 식으로 챗GPT와 코파일럿을 활용해 기초 초반 기획 단계에서의 스토리텔링 또는 콘티 기획을 할수 있다. 즉 아래와 같이 여러 가지 내용들의 진행을 할수 있다.

1) 상품 기획

(1) 새로운 제품 기획

챗GPT나 코파일럿을 활용해 새로운 제품을 기획할 수 있다. 제품의 고유한 특징, 장점, 가치를 강조하는 스토리를 작성하고 마케팅 전략을 구상할 수 있다.

(2) 상품 설명서 작성

제품의 기능, 사용법, 재료 등을 상세히 설명하는 상품 설명서를 작성할 수 있다.

2) 콘텐츠 작업

(1) 블로그 포스트

특정 주제에 대한 블로그 포스트를 작성할 수 있다. 챗GPT와 코파일럿은 다양한 관점에서 내용을 구성하고 흥미로운 이야기를 만들어 줄 수 있다.

(2) 소셜 미디어 콘텐츠

인스타그램, 페이스북, 트위터 등의 소셜 미디어에 게시할 콘텐츠를 작성할 수 있다. 예를 들어, 제품 소개, 이벤트 안내, 특별 할인 정보 등을 포스팅할 수 있다.

3) 스토리텔링

(1) 브랜드 스토리

브랜드의 역사, 가치, 미래 비전을 강조하는 스토리를 작성할 수 있다. 이를 통해 고객과 브랜드 간의 감정적 연결을 형성할 수 있다.

(2) 제품 스토리

제품의 탄생 배경, 디자인 콘셉트, 제작 과정 등을 스토리 형식으로 풀어낼 수 있다.

따라서 앞에서 배운 내용 대로 잘 활용하면 [그림29]와 같이 실제 방송에서 적용할 수 있는 큐시트 콘티를 준비하는데 무리 없이 빠른시간 안에 소통할 수 있는 자료를 준비할 수 있다.

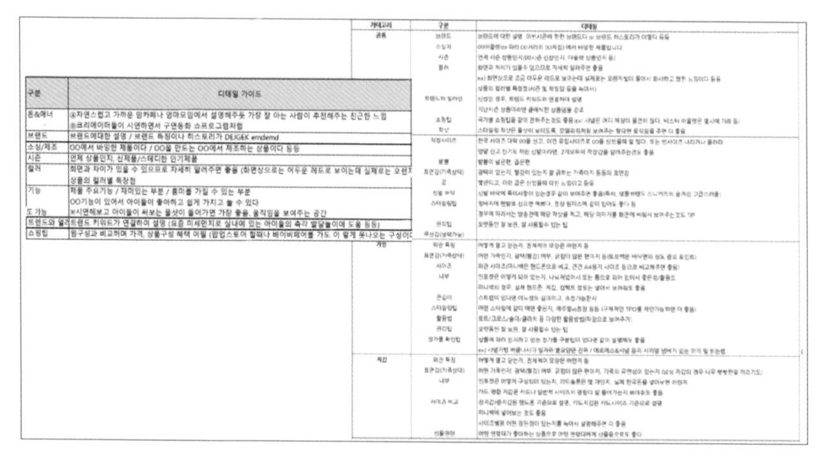

구분	디테일 가이드
톤&매너	ⓐ자연스럽고 가까운 맘카페나 엄마모임에서 설명해주듯 가장 잘 아는 사람이 추천해주는 친근한 느낌 ⓑ크리에이터들이 시연하면서 구연동화 쇼프로그램처럼
브랜드	브랜드에대한 설명 / 브랜드 특징이나 히스토리가 DEJGEK emdemd
소싱/제조	OO에서 바잉한 제품이다 / OO을 만드는 OO에서 제조하는 상품이다 등등
시즌	언제 상품인지, 신제품/스테디한 인기제품
컬러	화면과 차이가 있을 수 있으므로 자세히 알려주면 좋음 (화면상으로는 어두운 레드로 보이는데 실제로는 오렌지 상품의 컬러별 특장점
기능 도 가능	제품 주요기능 / 재미있는 부분 / 흥미를 가질 수 있는 부분 OO기능이 있어서 아이들이 좋아하고 쉽게 가지고 놀 수 있다 ※시연해보고 아이들이 써보는 몰샷이 들어가면 가장 좋음. 움직임을 보여주는 공간
트렌드와 얼리	트렌드 키워드가 연결하여 설명 (요즘 미세먼지로 실내에 있는 아이들의 촉각 발달놀이에 도움 등등)
쇼핑팁	원구성과 비교하며 가격, 상품구성 혜택 어필 (팝업스토어 할때나 베이비페어를 가도 이 렇게 못나오는 구성이다

[그림29] 큐시트 사례

6. 실제 사례(반려견 추모 영상제작과 정부지원 사업계획서 프롬프트)

1) 반려견 추모 영상제작 사례

얼마 전 필자가 의뢰를 하나 받은 일 중 최근 반려견·반려묘 시장이 확대되고 그에 따른 장묘 사업도 활발하게 이뤄지는 분위기여서 그런지 반려견 장례 사업을 하는 대표님께서 반려견의 추모 영상 제작을 의뢰한 적이 있었다. 많은 일들을 진행해 왔지만 정작 반려견의 영상은 처음이기도 하고 챗GPT의 활용도 해볼 생각에 프롬프트를 작성했다.

먼저 DALL-E 3에서 프롬프트를 통해 관련 이미지를 생성해 주었는데 그림의 퀄리티에 놀라울 수밖에 없었다.

[그림30] 반려견 추모 이미지 생성(출처: DALL-E 3)

그리고 이어서 프롬프트에 따른 반려견 추모 영상 제작 기획안 내용이다.

Copilot
작업 실행 중:
write a 20-line script for a pet memorial video
답변 생성 중…
물론, 반려견을 추모하는 감동적인 영상을 만들기 위한 스토리 기획서를 작성해 드리겠습니다. 아래는 약 20줄 내외로 구성된 스크립트입니다:

[반려견 추모 영상 스토리 기획서]
소개
제목: "[반려견 이름] 추모 영상"
영상 길이: [분 단위로 기재]
배경음악: [감동적이고 안정적인 트랙 선택]

장면 1: 시작
"[반려견 이름] - 우리의 사랑스러운 친구"
반려견의 사진이나 비디오 클립을 보여줍니다.
반려견의 이름과 간단한 설명을 소개합니다.

장면 2: 행복한 추억
"좋았던 순간들을 기억하며"
반려견과 함께한 행복한 순간들의 몽타주를 보여줍니다.
놀이, 껴안기, 산책 등의 기쁨 가득한 순간들을 포함합니다.

장면 3: 감동적인 순간들
"눈물과 웃음"
반려견과의 감동적인 순간들을 공유합니다.
어려움, 질병, 힘든 시기를 포함해 반려견과 가족 간의 사랑과 유대를 강조합니다.

장면 4: 작별
"이별의 순간"
가족이 반려견에게 작별 인사를 합니다.
반려견에게 보내는 감정적인 메시지나 편지를 포함합니다.

장면 5: 추모
"사랑하는 기억 속에서"
반려견의 이름, 출생일, 별세 일을 표시합니다.
상실과 추억에 관한 감동적인 인용구나 시를 추가합니다.

결말
"우리의 마음 속에 영원히"
마지막으로 반려견의 마지막 사진이나 비디오 클립을 보여줍니다.
배경음악과 함께 서서히 사라집니다.

마무리
"시청해 주셔서 감사합니다. [반려견 이름], 항상 그리워할 거예요."
이 스토리 기획서를 활용해 감동적인 반려견 추모 영상을 만들어 보세요.
반려견이 항상 우리 마음 속에 남아 있을 거예요.

이와 같이 바로 내용을 구현해 주는 챗GPT로 실제 영상 제작에 기초를 다지고 소통하면서 시행착오를 최소화할 수 있었고 제작에 큰 도움이 됐다.

2) 정부지원 사업계획서 사례

또 다른 사례로써 지원 사업계획서 활용에도 다음과 같은 내용을 받을 수 있었다.

수질관리 관련 사업계획서를 작성할 때 다음 요소들을 고려해야 합니다:

사업 개요
사업의 목적과 필요성을 설명합니다.
수질관리가 왜 중요한지, 어떤 문제를 해결하려는지 명확히 합니다.

시장 분석
대상 시장을 정의하고, 시장 규모, 성장 가능성, 주요 고객 및 경쟁사를 분석합니다.
수질관리에 대한 수요가 있는 지역, 산업, 기업을 식별합니다.

사업 모델
제공할 서비스나 제품을 구체적으로 기술합니다.
수질 검사, 정화, 모니터링, 관리 컨설팅 등 사업의 범위를 명확히 합니다.

기술 및 방법론
수질을 관리하고 개선하기 위한 사용 기술과 방법을 설명합니다.
혁신적인 기술이나 접근 방식을 강조해 경쟁 우위를 보여줄 수 있습니다.

실행 계획
사업을 실행하기 위한 단계별 계획을 제시합니다.
시간표, 필요한 자원, 인력, 예산을 포함해야 합니다.

재무 계획
예상 수익, 비용, 손익 분석을 포함한 재무 예측을 제시합니다.
투자 회수 기간, 수익성 분석 등을 포함할 수 있습니다.

위험 관리
사업 실행 중 발생할 수 있는 위험과 그에 대한 대비책을 기술합니다.
법적, 환경적, 경제적 위험 요소를 평가하고, 위험 최소화 전략을 설명합니다.

결론 및 요약
사업계획의 주요 포인트를 요약해 강조합니다.
투자자나 이해관계자에게 설득력 있는 결론을 제시합니다.

사업계획서는 이해하기 쉽고, 전문적이며, 설득력 있게 작성해야 한다. 각 섹션은 명확하고 구체적인 정보를 제공해야 하며, 전체 문서는 일관성 있고 직관적인 흐름을 가져야 한다.

이외에도 우리는 시 쓰기, 노래 가사 만들기, 편지쓰기, 유튜브 채널 기획 등 정말 많은 일에 따른 비즈니스, 각자의 활용 용도에 맞는 내용에 활용할 수 있다. 또한 이러한 것들을 통해서 수익을 창출할 수 있는 방법도 모색해 볼 수 있다.

3) 챗GPT 활용 수익 창출 사례

챗GPT를 활용해 수익을 창출하는 방법 몇 가지 예시를 들어 보겠다.

(1) 콘텐츠 제작 및 마케팅

블로그 포스트, 기사, 뉴스레터 등의 콘텐츠 제작을 도와줄 수 있다. 이러한 콘텐츠는 웹사이트의 트래픽을 증가시키고, 광고 수익이나 제휴 마케팅을 통해 수익을 창출할 수 있다.

소셜 미디어 콘텐츠 제작 및 관리: 챗지피티를 이용해 다양한 소셜 미디어 플랫폼에서 관심을 끌 수 있는 포스트를 제작하고, 팔로워와의 상호작용을 관리할 수 있다.

(2) 제품 및 서비스 개발

사용자 요구 사항을 기반으로 한 제품 설명, 사용 설명서, FAQ 등을 작성해 제품 개발 과정을 지원할 수 있다. 소프트웨어 개발에 있어서 아이디어 생성, 코드 예시 제공, 디버깅 도움 등을 통해 개발 프로세스를 가속화할 수 있다.

(3) 고객 서비스 및 지원

챗봇을 통한 자동화된 고객 지원 서비스를 제공해, 고객 만족도를 높이고 운영 비용을 절감할 수 있다. FAQ, 사용자 매뉴얼, 가이드 등을 쉽게 생성해 고객 지원 자료를 풍부하게 만들 수 있다.

(4) 교육 및 트레이닝

온라인 코스나 교육 자료를 개발해 판매할 수 있다. 챗GPT는 교육 콘텐츠 제작, 퀴즈 생성, 학습 가이드 개발 등에 활용될 수 있다. 개인화된 학습 경험을 제공함으로써 학습자의 관심을 끌고 교육 효과를 극대화할 수 있다.

(5) 언어 관련 서비스

번역, 편집, 교정 서비스를 제공할 수 있다. AI 기반 도구를 활용해 작업 속도와 효율성을 높일 수 있다. 창의적 글쓰기, 시나리오 작성, 광고 카피라이팅 등의 분야에서 창의적인 아이디어와 콘텐츠를 제공할 수 있다.

(6) 연구 및 데이터 분석

시장 조사, 경쟁 분석, 트렌드 리포트 작성 등의 분야에서 데이터 수집 및 분석 작업을 도와줄 수 있다. 다양한 데이터 소스에서 정보를 추출하고 정리해 의사 결정 과정을 지원하는 인사이트를 제공할 수 있다.

7. 프롬프트와 AI를 통한 창조적 비즈니스 전망

이러한 방법들은 시작점에 불과하며 AI 챗GPT의 활용 가능성은 앞으로도 계속해서 확장될 것이다. 자신의 비즈니스 모델과 목적에 맞는 방법으로 적절하게 활용한다면 앞으로 본인의 사업과 비즈니스에 매우 도움이 되면서 비용 절감이 되고 매출에도 기여할 수 있다고 생각한다.

인공지능에 관한 연구는 물론 이에 관한 공부와 우리의 활용은 바람직한 방향으로 계속될 것이다. 프롬프트 기반 AI 기술을 활용한 창조적 비즈니스는 앞으로 몇 년 동안 매우 유망한 전망을 갖고 있다. 이 기술이 제공하는 자동화와 창의적 능력을 활용함으로써, 다양한 산업 분야에서 새로운 기회를 창출할 수 있다. 앞으로 몇 가지 전망에 대해서는 아래와 같다.

1) 커스터마이즈 된 콘텐츠 생성

AI는 사용자의 세밀한 요구 사항을 반영해 맞춤형 콘텐츠를 생성할 수 있는 능력을 갖추고 있다. 예를 들어, 사용자가 특정 스타일이나 테마에 맞는 글, 그림, 음악 등을 요청할 수 있다. 이는 마케팅, 광고, 엔터테인먼트 산업에서 특히 유용할 수 있다.

2) 창의적 디자인과 프로토타이핑

AI는 디자인 프로세스를 가속화하고 반복적인 작업을 줄여줌으로써 제품 디자인, 건축, 게임 개발 등 다양한 분야에서 혁신을 촉진할 수 있다. 사용자는 초기 아이디어를 AI에 입력하고, AI가 이를 바탕으로 실제로 구현가능한 디자인 초안을 제시할 수 있다.

3) 개인화된 교육과 트레이닝

교육 분야에서는 AI가 학생들의 개별 학습 스타일과 필요에 맞춰 맞춤형 교육 콘텐츠를 제공할 수 있다. 이는 교육의 효율성을 크게 향상시킬 수 있으며, 학생 개개인의 성장과 발전을 촉진할 수 있다.

4) 인터랙티브 엔터테인먼트와 게임

AI는 게임과 엔터테인먼트 산업에서 사용자의 입력에 따라 콘텐츠가 동적으로 변화하는 경험을 만들 수 있다. 예를 들어, 사용자의 선택이 스토리 라인에 직접적인 영향을 미치는 인터랙티브 영화나 게임을 개발할 수 있다.

5) 새로운 비즈니스 모델과 마켓 플레이스

AI 기술을 통해 새로운 비즈니스 모델이 탄생할 수 있다. 예를 들어, AI

를 활용해 사용자가 직접 콘텐츠를 제작하고 판매할 수 있는 플랫폼을 만들 수 있다. 이는 창조적 작업을 민주화하고 더 많은 사람들이 창작 활동에 참여할 수 있도록 한다.

6) 자동화와 효율성 증대

AI는 기존의 창조적 작업 과정에서 반복되거나 시간이 많이 소요되는 작업을 자동화함으로써, 창작자가 더 창의적인 작업에 집중할 수 있도록 도와준다. 이는 전반적인 생산성을 증가시키고, 더 높은 품질의 결과물을 빠른 시간 안에 만들어 낼 수 있도록 한다.

7) 예술과 문화의 새로운 형태

AI는 전통적인 예술 형태와 결합해 새로운 형태의 예술 작품을 창출할 수 있다. AI가 생성한 음악, 시, 그림 등은 전통적인 예술가들과는 다른 독특한 스타일과 표현을 보여줄 수 있으며, 이는 예술계에 새로운 트렌드를 만들어 낼 수 있다.

8) 데이터 주도의 창의력

AI는 대규모 데이터를 분석하고 이해해 창의적인 아이디어와 솔루션을 제시할 수 있다. 예를 들어, 시장 트렌드, 소비자 행동, 경쟁 분석 등의 데이터를 바탕으로 타겟 마케팅 전략이나 제품 개발 아이디어를 생성할 수 있다.

9) 가상 현실과 증강 현실의 통합

AI를 가상 현실(VR) 및 증강 현실(AR)과 통합함으로써, 사용자들은 더욱 몰입감 있는 경험을 할 수 있다. 예를 들어, 사용자의 반응과 상호작용에 따라 실시간으로 변경되는 가상 환경을 구현할 수 있으며 이는 교육, 훈련, 엔터테인먼트 등 다양한 분야에 응용될 수 있다.

10) 로봇공학과의 융합

AI와 로봇공학의 결합은 특히 제조업, 의료, 서비스업 등에서 큰 잠재력을 가진다. 예를 들어, AI가 제공하는 창의적인 솔루션을 로봇이 실행함으로써, 더 복잡하고 정밀한 작업을 자동화할 수 있다.

Epilogue

프롬프트 기반 AI의 이러한 다양한 응용 가능성은 앞으로 기술 발전에 따라 더욱 확장될 것이다. 기업들은 이러한 기술을 적극적으로 도입해 새로운 시장을 개척하고, 기존 비즈니스 모델을 혁신하며, 경쟁 우위를 확보하는 데 큰 도움을 받을 수 있을 것이다. AI 기술이 가져오는 창조적 가능성을 최대한 활용하려면 기술에 대한 깊은 이해와 함께 창의적인 접근 방식이 필요로 한다.

이외에도 무수히 많은 AI 생성 콘텐츠들이 매일 태어나고 발전 진화하고 있다. 웹툰을 그려주고 사운드 음원을 생성해 주며 나의 얼굴을 스왑해 아바타 AI로 온라인 전자명함을 만들기도하고 편지를 써주기도 한다. 이처럼 AI 생성 콘텐츠를 활용해 우리는 많은 시간과 돈을 절약 할수도 있고, 실제 큰 지출이 되는 비용도 절감할 수 있다. 앞으로 여러 명이 작업을 해야 하는 것을 챗GPT 프롬프트를 잘 활용하는 사람이 매우 빠르고 순발력 있게 기획하고 콘텐츠를 제작해 많은 부분에 활용하고 마케팅에 적용할 수 있다는 점이다.

인공지능(AI)은 기술의 경계를 확장하면서 우리가 비즈니스를 이해하고 운영하는 방식을 근본적으로 변화시키고 있다. 특히 AI를 활용한 창조적 비즈니스는 이러한 변화의 최전선에 있다. 프롬프트 기반의 AI 도구들은 사용자의 단순한 지시에서 복잡한 아이디어를 추출해 실현가능한 결과물로 전환하는 능력을 갖추고 있다. 비단 예술과 디자인에만 국한되지 않으며 마케팅, 제품 개발, 고객 서비스 등 다양한 영역에서 혁신을 가능하게 하고 있다.

앞으로 우리는 AI가 제공하는 무한한 가능성을 활용해 더욱 개인화되고, 맞춤화된 경험을 제공하는 비즈니스 모델을 기대할 수 있다. AI는 데이터 분석과 시장 트렌드 예측의 정확성을 향상시켜, 기업들이 더욱 신속하고 효율적으로 의사결정을 내릴 수 있도록 도울 것이라 생각한다.

이러한 진보는 비즈니스가 소비자의 요구를 더욱 정확히 파악하고, 경쟁력을 유지하는 데 결정적인 역할을 할 것이다. 하지만 이 모든 기술적 진보에도 불구하고 우리는 윤리적 고려와 개인의 사생활 보호에 대한 중요성을 간과해서는 안 될 것이고 AI의 발전이 가져올 변화를 활용하기 위해서는 이러한 기술이 사회적 가치와 어떻게 조화를 이룰 수 있는지에 대한 심도 있는 고민이 필요하다.

결국, AI를 활용한 창조적 비즈니스의 미래는 놀라운 잠재력을 지니고 있지만, 이를 현명하게 이끌어갈 준비와 책임 있는 접근이 필요하며, 이 기술을 통해 무엇을 달성할 수 있는지, 또한 어떻게 해야 사회 전체의 이익을 도모할 수 있는지를 항상 고민해야만 할 것이다. 이것이 바로 AI 시대를 살아가는 우리 모두의 중대한 도전이자 기회이며 앞으로 더욱 발전하는 미래 세상을 기대하면서 글을 마칠까 한다.

마케팅을 위한 콘텐츠 창작 AI 도구

하예랑

제9장
마케팅을 위한 콘텐츠 창작 AI 도구

Prologue

AI는 마케팅 분야에서 점점 더 중요한 역할을 하고 있으며 데이터 분석, 고객 행동 예측, 개인화된 광고 제작 등 다양한 방면에서 중추적인 역할수행을 하고 있다. AI 기술은 마케팅 전략을 보다 효과적으로 수립하고 실행하는 데 필수적인 도구가 됐다. 이를 통해 마케터들은 소비자의 니즈를 심층적으로 이해하고 타깃팅을 정교하게 할 수 있으며 캠페인의 성과를 실시간으로 분석하고 조정할 수 있다.

또한 AI는 브랜드와 소비자 간의 상호 작용을 자동화하고 최적화하는데 기여 해 고객 경험을 개선하고 마케팅 비용을 절감하는 등 기업에게 실질적인 이익을 제공한다. 따라서 현대 마케팅 전문가들은 AI 기술을 통해 경쟁력을 강화하고 변화하는 시장 환경에 능동적으로 대응할 수 있는 전략을 개발하는 것이 중요하다.

이러한 변화는 마케팅 분야에서 AI의 역할이 계속해서 확대될 것임을 시사하며 전문가들은 이 기술을 활용해 차별화된 가치를 창출하고 있다.

AI 도구를 적절히 활용함으로써 마케팅 전문가들은 더 새로운 창작물, 보다 효율적인 캠페인 실행, 그리고 더 나은 고객 관계 구축을 실현할 수 있다.

AI를 활용해 더 효과적인 마케팅 전략을 수립하고 실행할 수 있도록 돕고자 마케팅에 도움이 되는 AI 도구를 알려드리고자 한다. AI 도구를 이용해 자신의 비즈니스에 어떻게 적용할 수 있는지에 대한 아이디어를 얻고 AI 시대의 마케팅 전문가로서 한걸음 전진하는 데 도움이 되길 바란다.

1. 마케팅

1) AI 마케팅의 부상

(1) AI 마케팅이란 무엇인가?

AI 마케팅은 인공지능 기술을 활용해 마케팅 전략을 구현하고 최적화하는 방법이다. 데이터 분석, 고객 행동 예측, 개인화된 콘텐츠 제작 등 다양한 마케팅 활동에 AI를 적용함으로써 더 효과적이고 효율적인 결과를 도출한다. AI 마케팅은 기업이 대량의 데이터를 신속하게 처리하고 분석해 소비자의 선호와 행동 패턴을 이해하는 데 도움을 준다.

(2) AI 마케팅의 필요성과 중요성

현대 마케팅 환경은 변화가 빠르고 경쟁이 치열하다. 이런 환경에서 AI 마케팅은 기업들이 시장 변화에 신속하게 대응하고 보다 정확한 고객 타깃팅과 개인화된 마케팅 전략을 수립할 수 있게 해준다. 하버드 비즈니스 스쿨의 연구에 따르면 AI를 사용하는 전문가들은 그렇지 않은 사람들보다

일을 12.2% 더 많이 하고 25.1% 더 빨리 처리하며 결과의 품질도 40% 높다고 한다. AI 기술을 활용하면 비용을 절감하고 마케팅의 효과를 극대화하며 고객 만족도를 향상시킬 수 있다.

또한 AI는 대규모 데이터에서 유용한 인사이트를 추출해 마케팅 결정을 보다 과학적으로 접근할 수 있게 해준다. AI의 또 다른 장점은 인간의 편견을 줄여준다는 것이다. 예를 들어, 문제에 직면했을 때 우리는 경험에 의존해 이미 알고 있는 해결책을 선택하는 경향이 있다. 하지만 AI는 사람과 달리 편견에 영향을 받지 않고 오직 데이터와 사실에 기반해 결정을 내린다. 이러한 이유로 AI 마케팅은 현대 비즈니스 환경에서 필수적인 요소로 자리 잡고 있다.

2) AI 기술의 기본 원리

(1) 머신러닝과 딥러닝

머신러닝은 컴퓨터가 데이터를 통해 스스로 학습하고 예측을 수행할 수 있도록 하는 인공지능의 한 분야다. 머신러닝 모델은 과거 데이터에서 패턴을 학습해 새로운 데이터에 대한 예측을 수행한다. 딥러닝은 머신러닝의 한 분류로, 인공 신경망을 사용해 보다 복잡한 문제를 해결한다. 딥러닝 모델은 이미지 인식, 자연어 처리, 음성인식 등 다양한 분야에서 탁월한 성능을 보인다.

(2) 자연어 처리와 컴퓨터 비전

자연어 처리(NLP)는 기계가 인간의 언어를 이해하고 생성할 수 있게 하는 기술이다. 이를 통해 AI는 텍스트 데이터를 분석하고 고객의 감정을 파악하며 자동으로 콘텐츠를 생성할 수 있다. 컴퓨터 비전은 기계가 이미지와 비디오를 인식하고 해석하는 능력을 갖춘 기술이다. 이 기술은 제품 이미지 분석, 고객 행동 감지, 인터랙티브 광고 생성 등 마케팅 분야에서 활용된다.

(3) 예측 분석과 데이터 마이닝

예측 분석은 미래의 이벤트나 결과를 예측하기 위해 과거 데이터를 분석하는 과정이다. 마케팅에서는 고객의 구매 행동, 제품 선호도, 시장 트렌드 등을 예측하는 데 사용된다. 데이터 마이닝은 대량의 데이터 세트에서 유용한 정보와 패턴을 추출하는 기술이다. 이를 통해 마케팅 전략을 보다 정교하게 조정하고 타깃 고객을 보다 정확하게 식별할 수 있다.

3) AI 마케팅 전략

(1) 소비자 행동 분석

AI 기술은 소비자의 온라인 행동, 구매 이력, 검색 패턴 등 다양한 데이터를 분석해 소비자의 선호와 행동을 이해하는 데 도움을 준다. 이러한 분석을 통해 기업은 고객의 요구를 정확하게 파악하고 맞춤형 마케팅 전략을 개발할 수 있다. AI는 시간에 따른 소비자의 행동 변화도 감지해 마케팅 캠페인을 적시에 조정하는 데 유용하다.

(2) 타깃 마케팅과 개인화

타깃 마케팅은 특정 고객 집단에 집중해 마케팅 활동을 전개하는 전략이다. AI는 방대한 데이터를 분석해 타깃 고객의 특성을 파악하고 이들에게 가장 적합한 마케팅 메시지와 콘텐츠를 제공한다. 개인화는 고객 한 사람 한 사람의 선호와 행동을 기반으로 맞춤형 콘텐츠를 제작하는 것이다. AI를 통해 생성된 개인화된 경험은 고객 만족도를 높이고 장기적인 고객 충성도를 구축하는 데 기여한다.

(3) 콘텐츠 생성과 자동화

AI는 다양한 형태의 콘텐츠를 자동으로 생성할 수 있는 능력을 갖고 있다. 이는 텍스트, 이미지, 비디오 콘텐츠의 제작을 포함하며 마케팅 캠페인에 필요한 콘텐츠를 신속하고 효율적으로 제공한다. 또한 AI는 마케팅 캠페인의 배포와 관리를 자동화해 마케팅팀의 작업 부담을 줄이고 전체적인 운영 효율을 향상시킨다. 이러한 자동화는 시간과 자원을 절약하면서도 일관된 마케팅 메시지를 유지할 수 있게 해준다.

4) AI를 활용한 고객 참여

(1) 챗봇과 가상 도우미

AI 기반 챗봇과 가상 도우미는 고객 서비스를 혁신하는 중요한 도구다. 이들은 24시간 고객의 질문에 응답하고 문의를 해결하며 실시간으로 정보를 제공한다. 이로 인해 고객 만족도가 향상되고 기업은 인력 자원을 보다 효율적으로 활용할 수 있다. 또한 이 기술들은 개인화된 쇼핑 경험을 제공해 고객의 구매 의사결정 과정을 지원한다.

(2) 고객 서비스 자동화

AI는 고객 서비스 과정을 자동화해 반복적이고 시간 소모적인 작업을 줄인다. 자동 응답 시스템과 인공지능 고객 지원 도구를 통해 고객 문의에 신속하게 대응할 수 있으며 고객 데이터를 분석해 서비스를 개선하는 데도 활용된다. 이러한 자동화는 고객 경험을 개선하고 운영 비용을 절감하는 데 기여한다.

(3) 인터랙티브 광고

AI는 광고 캠페인을 더욱 동적이고 참여적으로 만든다. 사용자의 반응과 상호 작용을 실시간으로 분석해 광고 내용을 즉시 조정하고 사용자의 관심을 끌 수 있는 맞춤형 광고를 제공한다. 이는 고객의 참여를 유도하고 광고의 효과를 극대화하는 데 중요한 역할을 한다. 인터랙티브 광고는 사용자 경험을 풍부하게 하고 브랜드 인지도를 높이는 데 기여한다.

5) 데이터 통합 및 활용

(1) 데이터 수집과 처리

AI 마케팅에서 데이터 수집은 매우 중요한 첫 단계다. 기업은 웹사이트 방문, 소셜 미디어 상호 작용, 온라인 구매 등 다양한 채널을 통해 고객 데이터를 수집한다. 이렇게 수집된 데이터는 처리 과정을 거쳐 분석 가능한 형태로 변환된다. AI 기술을 활용해 이 데이터를 정제하고 분류함으로써, 데이터의 품질을 보장하고 분석의 정확도를 높인다.

(2) 효과적인 데이터 분석 전략

효과적인 데이터 분석은 AI 마케팅 전략의 핵심이다. AI 도구를 사용해 대규모 데이터 세트에서 패턴과 트렌드를 식별하고 이를 통해 고객 행동의 심층적인 인사이트를 얻는다. 이 정보를 바탕으로 마케팅 캠페인을 최적화하고 타깃 고객에게 더욱 맞춤화된 메시지를 전달할 수 있다. 또한 예측 분석을 통해 미래의 마케팅 전략을 계획하는 데도 큰 도움이 된다.

(3) 데이터 보안과 개인정보 보호

데이터 보안과 개인정보 보호는 AI 마케팅에서 매우 중요한 고려 사항이다. 고객 데이터를 안전하게 보관하고 처리하는 것은 기업의 신뢰성을 유지하고 법적 요구사항을 충족하는 데 필수적이다. AI 기술은 데이터 보안을 강화하고 데이터 유출 위험을 최소화하는 데 유용하게 사용될 수 있다. 또한 AI는 개인정보 보호 규정을 준수하면서도 데이터를 효율적으로 활용할 수 있는 방법을 제공한다.

2. 마케팅을 위한 AI 콘텐츠 창작 도구

AI 도구의 사용은 기업의 마케팅 전략과 운영 효율성에 중대한 차이를 만든다. AI를 활용하는 경우 데이터 기반의 의사결정이 가능해져 시장 동향과 소비자 행동을 신속하고 정확하게 분석할 수 있다. 이는 타깃 마케팅의 정밀도를 높이고 캠페인의 성과를 최적화하는 데 기여한다. 반면, AI 도구를 사용하지 않는 경우 이러한 과정은 시간이 많이 소요되고 오류가 발생하기 쉬우며 경쟁사 대비 느린 대응으로 인해 시장 기회를 놓칠 수 있다. 따라서 AI 도구의 도입은 현대 비즈니스 환경에서 경쟁 우위를 확보하고 지속 가능한 성장을 이루는 데 필수적이다.

1) AI 도구를 사용하는 경우

(1) 개인화된 마케팅

AI는 대규모의 데이터를 기반으로 고객에 맞춤화 된 콘텐츠를 생성할 수 있어 개인화된 마케팅을 가능케 한다.

(2) 실시간 분석과 대응

AI는 데이터를 실시간으로 분석해 마케팅 전략을 조정하고 고객의 행동에 빠르게 대응할 수 있다.

(3) 자동화된 광고 구매

AI를 사용하면 광고 노출을 최적화하고 미디어 구매를 자동화해 광고 예산을 효율적으로 활용할 수 있다.

(4) 고객 서비스 개선

AI 챗봇을 활용해 고객의 질문에 신속하고 정확하게 응답함으로써 고객 서비스 수준을 향상시킬 수 있다.

(5) 마케팅 캠페인 최적화

AI는 마케팅 캠페인의 성과를 실시간으로 분석해 ROI를 최적화하고 수 있다.

(6) 콘텐츠 생성

AI는 키워드 및 트렌드를 분석해 콘텐츠를 생성하고 최적화할 수 있다.

(7) 시장 인사이트 제공

AI는 시장 트렌드와 경쟁사의 활동에 대한 인사이트를 제공해 전략을 수립하는 데 도움을 준다.

(8) 비용 절감

AI를 사용하면 일부 마케팅 작업을 자동화하고 효율화해 비용을 절감할 수 있다.

(9) 지속적인 학습과 발전

AI는 계속해서 학습하고 발전함으로써 마케팅 전략을 지속적으로 향상시킬 수 있다.

2) AI를 사용하지 않는 경우

(1) 정확성 및 일관성 부족

인간의 실수로 인해 정보의 정확성이나 일관성이 부족할 수 있다.

(2) 대량의 데이터 처리 불가능

대규모의 데이터를 처리하고 분석하는 것이 어려워 시장 트렌드 캠페인 전략을 개선할 수 있다.

(3) 예측 분석

AI는 과거 데이터를 기반으로 향후 트렌드를 예측하고 마케팅 전략을 미리 조정할 를 파악하기 어려울 수 있다.

(4) 실시간 대응 불가능

데이터를 분석하고 마케팅 전략을 조정하는 데에 시간이 오래 걸릴 수 있어 실시간 대응이 어려울 수 있다.

(5) 개인화된 마케팅 부재

대규모의 데이터를 기반으로 한 개인화된 마케팅 전략을 수립하기 어려울 수 있다.

(6) 데이터 오용 위험

인간의 판단에 따라 데이터를 오용하거나 잘못 해석할 수 있어 잠재적인 위험이 있다.

(7) 규모의 한계

인간이 수행하는 작업의 규모에 한계가 있어 대규모 마케팅 작업을 처리하기 어려울 수 있다.

(8) 시간과 비용 소요

수동적인 작업으로 인해 시간과 비용이 많이 소요될 수 있다.

(9) 경쟁 열세

경쟁사가 AI를 활용해 마케팅 효율성을 향상시킬 경우 경쟁력이 저하될 수 있다.

(10) 고객 서비스 수준 저하

실시간 대응이 어려워 고객의 요구에 늦게 대응하거나 서비스 수준이 저하될 수 있다.

(11) 마케팅 ROI 저하

비효율적인 마케팅 전략으로 인해 ROI가 저하될 수 있다.

3. 마케팅을 위한 콘텐츠 창작 AI 도구

마케팅 세계에서 콘텐츠는 가장 중요한 요소이며 AI는 좋은 콘텐츠를 만드는 데 큰 도움이 된다. AI를 활용해 가치 있는 콘텐츠를 창출하고 브랜드의 대중에게 각인될 수 있도록 만들 수 있는 AI 도구를 소개한다. AI 도구는 관심 분야별로 쉽게 이해할 수 있도록 카테고리별로 나눠 보았다.

*** 자연어 처리 및 콘텐츠 생성 (AI language model and Content Generation)**

AI 도메인	기능
챗GPT	마케팅 콘텐츠 생성 및 대화 기반 고객 상호 작용
wrtn	종합적인 마케팅 솔루션을 제공 및 콘텐츠 마케팅 지원
Jasper	음성인식 기술 활용과 대화형 고객 소통
Soul Machines	AI를 활용한 대화형 가상 에이전트를 통한 고객 소통

*** 음성 및 오디오 (Audio Processing)**

AI 도메인	기능
Fireflies	음성 대화 기록 및 분석 등 회의록 자동화
Elevenlabs	웹 개발 및 디지털 솔루션 제공
Murf	음성 생성 및 편집 기능 제공
Musicfy	음성 변환 및 음악 생성

* 영상 및 이미지 편집 및 생성 (Video and Image Editing and Gneration)

AI 도메인	기능
Clipcrop	이미지 편집 및 크롭 도구
RunwayML	시각적 콘텐츠 생성 및 머신러닝 모델 제공
Pictory	비주얼 콘텐츠 제작 및 커뮤니케이션
MotionArray	다양한 비주얼 콘텐츠 제작 및 제공
Leonardo	시각적 콘텐츠 생성 및 디자인 프로젝트
Stable Diffusion	고화질 이미지 및 영상 생성
MidJourney	시각적 콘텐츠 생성 및 커뮤니케이션
Misgif	GIF 및 동영상 콘텐츠 생성 및 소셜 미디어 마케팅
Indeogram	고화질 시각적 콘텐츠 생성
Lasko	한국 문화를 반영해 이미지 생성

* 데이터 분석 및 고객 인사이트 (Data analytics and customer insights)

AI 도메인	기능
Musicfy	음악 선호도 분석 및 추천 시스템 제공
Roomai	고객 취향 기반 인테리어 디자인 플랫폼
Heygen	사용자 맞춤형 동영상 및 음성 메시지 생성
Panda	데이터 기반 마케팅 인사이트 및 추천

1) 자연어 처리 및 콘텐츠 생성 (AI language model and Content Generation)

(1) 챗GPT(https://chat.openai.com)

가장 많이 알려 있는 OpenAI의 챗GPT는 기사, 블로그, FAQ 등 다양한 형태의 콘텐츠를 자동 생성해 시간을 절약해 준다. 사용자의 질문에 실시간으로 반응해 대화형 서비스를 제공하며 맞춤형 커뮤니케이션을 통해 고객 만족도를 높인다. 또한 콘텐츠 검토 및 요약 기능을 통해 정보 접근성을 강화하고 다양한 언어로 콘텐츠 번역 및 로컬라이제이션을 지원한다.

챗GPT는 빅 데이터 분석 및 보고서 작성을 도와주며 소셜 미디어 인터랙션을 자동화해 브랜드 인지도를 증가시킨다. 사용자 행동 데이터 분석을 통해 시장의 트렌드를 파악하고 광고 캠페인 및 콘텐츠 전략을 개선하는 데 도움을 준다. 마지막으로, 비용 효율적인 마케팅 솔루션을 제공해 기업의 마케팅 비용을 절감해 준다.

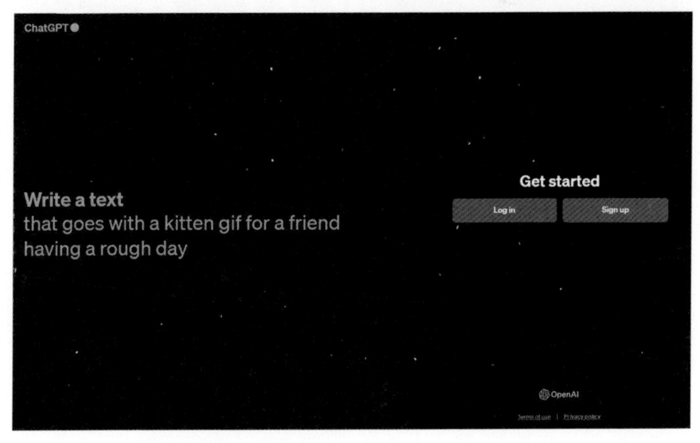

[그림1] 챗GPT(https://chat.openai.com)

(2) Wrtn(https://wrtn.ai)

Wrtn은 다양한 카테고리에 맞게 텍스트와 글을 작성해 마케팅에 도움을 준다. 브랜드의 온라인 존재감을 강화하고 고객들과의 상호 작용을 촉진할 수 있도록 도와준다. 또한 웹사이트, 블로그, 소셜 미디어 등 다양한 플랫폼에서 활용되는 콘텐츠를 효과적으로 제공함으로써 브랜드 인지도를 높이고 고객들과의 관계를 유지한다. 더불어, 검색 엔진 최적화(SEO)를 통해 온라인 시장에서의 노출도를 높이고 타깃 대상을 더 효율적으로 도달할 수 있다. Wrtn은 기업의 마케팅 전략을 향상시키고 경쟁력을 강화하는 데 효율적인 솔루션 AI 플랫폼이다.

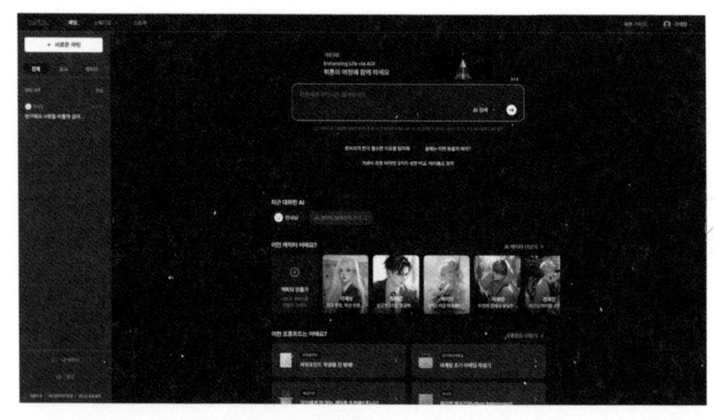

[그림2] wrtn(https://wrtn.ai)

(3) Jasper(https://www.jasper.ai)

Jasper는 고급 음성인식 기능을 저렴한 가격에 제공하므로 비용 효율성이 뛰어나다. 또한 다양한 워크플로와 시스템에 쉽게 통합될 수 있다. 마케팅 자동화 도구나 기타 기업 시스템과의 호환을 통해 작업 효율을 높이고 데이터 관리를 간소화할 수 있도록 도움을 준다. 음성인식을 통해 사용자의 명령을 인식하고 처리할 능력은 고객 서비스 향상, 대화형 광고 실시간 반응 마케팅과 같은 마케팅 전략에 효과적인 플랫폼이다.

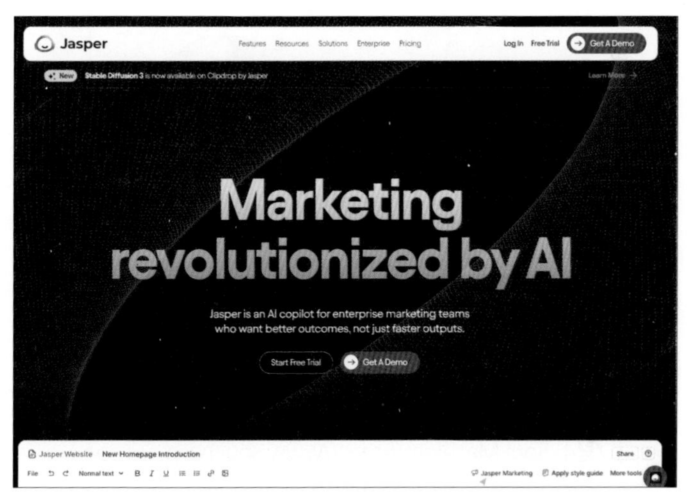

[그림3] Jasper(https://www.jasper.ai)

(4) Soul Machines(https://www.soulmachines.com)

Soul Machines는 인공지능과 컴퓨터 그래픽을 결합해 디지털 인간을 생성하는 기술로 마케팅에 혁신을 가져온다. Soul Machines을 사용함으로써 기업들은 고객 서비스를 자동화하고 개인화된 고객 경험을 제공할 수 있다. 디지털 인간은 실시간으로 고객의 질문에 응답하고 상호 작용을 통해 고객의 참여를 높이는 데 도움을 준다. 브랜드 충성도를 강화하고 마케팅 메시지를 보다 인간적이고 신뢰할 수 있는 방식으로 전달할 수 있다.

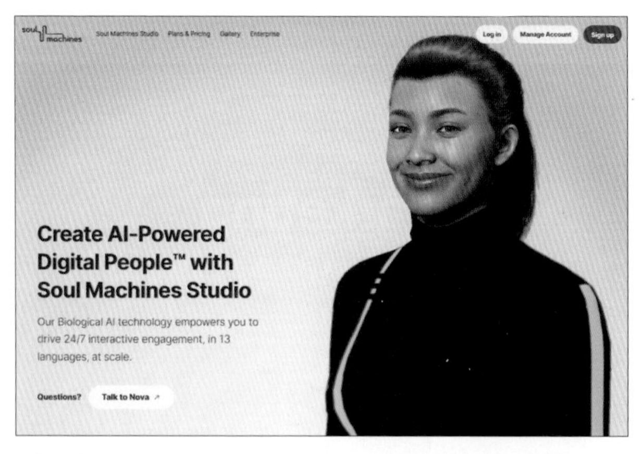

[그림4] Soul Machines(https://www.soulmachines.com)

2) 음성 및 오디오(Audio Processing)

(1) Fireflies(https://fireflies.ai)

Fireflies는 회의 및 인터뷰를 자동으로 기록해 내용을 보존한다. 음성인식 기능을 통해 정확한 텍스트 변환을 제공해 문서화가 용이하며 회의 내용을 손쉽게 검토하고 중요 정보를 추출할 수 있다. 실시간 정보 수집 및 분석을 통해 데이터 기반 의사결정을 지원하고 다양한 팀 간의 커뮤니케이션을 개선해 협업을 촉진한다. 광고 및 콘텐츠 전략에 대한 피드백을 빠르게 통합하며 클라우드 기반 저장으로 언제 어디서나 접근할 수 있다. 회의 자동 예약 및 관리 기능은 조직의 효율성을 증가시키며 사용자 친화적인 인터페이스로 쉬운 사용성을 제공한다. 또한 광범위한 호환성을 통해 다양한 비즈니스 도구와 통합이 가능한 유용한 플랫폼이다.

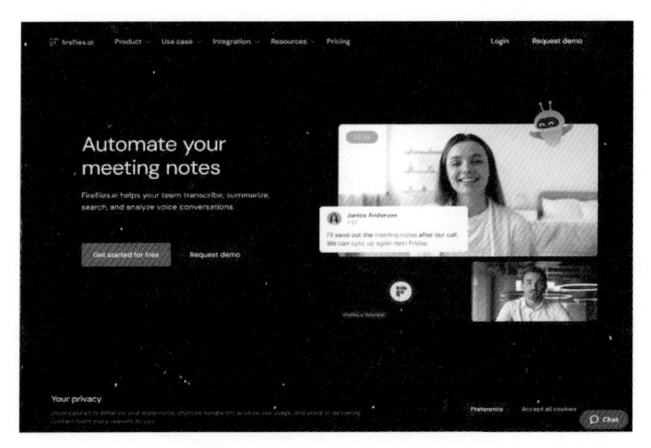

[그림5] Fireflies(https://fireflies.ai)

(2) Elevenlabs(https://elevenlabs.io)

ElevenLabs는 AI를 활용해 텍스트를 매력적인 음성으로 변환해 주는 고급 도구로서 마케팅 분야에서 매우 유용하다. 이 플랫폼은 사용자가 직접 선택한 목소리 또는 맞춤형 가상 인물의 목소리를 생성해 광고나 프로모션 자료에 사용할 수 있게 한다. 이 기능은 특히 브랜드의 톤과 스타일을 일관되게 유지하면서도 다양한 시장과 언어권에 맞게 적용될 수 있는 유연성을 제공한다. 또한 ElevenLabs의 음성 변환 기술은 실시간으로 다양한 콘텐츠에 적용 가능해 마케팅 캠페인에 고객의 참여도를 높이는 데 큰 도움이 된다.

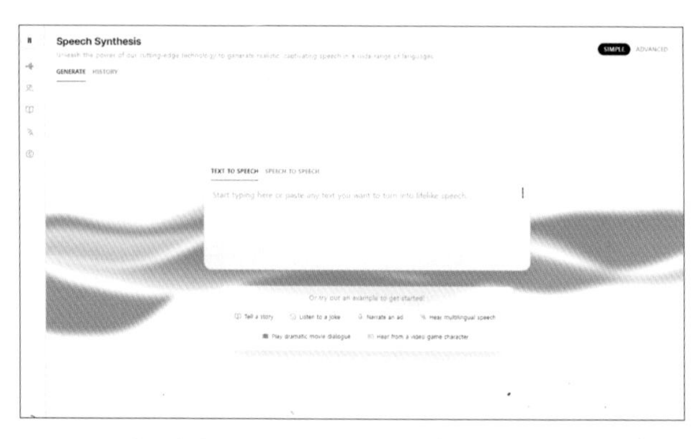

[그림6] Elevenlabs(https://elevenlabs.io)

(3) Murf(https://murf.ai)

Murf는 고품질의 AI 음성 생성 기능을 통해 비디오 및 오디오 콘텐츠의 질을 향상시킨다. 다양한 목소리 및 언어 옵션을 제공해 글로벌 마케팅을 지원하며 음성 기반 광고를 통해 개인화되고 차별화된 마케팅 전략을 제공한다. 사용법이 간편해 비전문가도 쉽게 고품질의 오디오 콘텐츠를 제작할 수 있다.

Text to Speech 기능은 접근성을 높이고 사용자 경험을 개선하는 데 기여한다. 오디오북, 팟캐스트 등 다양한 오디오 형식의 제작을 지원하며 실시간 오디오 수정 기능을 통해 콘텐츠를 신속하게 업데이트할 수 있다. 그래서 비용 절감과 오디오 콘텐츠 제작 속도를 높이는 데 도움을 준다. 또한 오디오 콘텐츠의 자연스러움과 감정 표현이 풍부한 느낌이 들고 영상과 오디오의 일관성을 유지하는 데 필요한 도구 등을 제공해 줘 유용하게 사용할 수 있다.

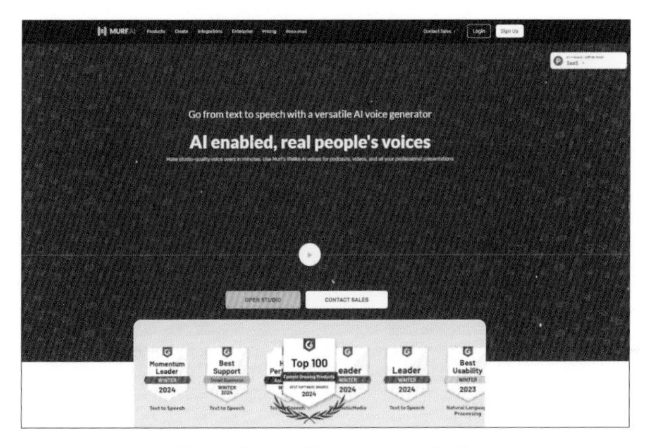

[그림7] Murf(https://murf.ai)

(4) Musicfy(https://musicfy.lol)

Musicfy는 개인이 자신만의 음악을 손쉽게 생성하고 공유할 수 있는 플랫폼으로 음악과 악기의 스타일을 설정해 사용자의 보컬을 기반으로 AI가 자동으로 음악을 생성해 준다. 사용자는 몇 분의 목소리만으로도 완벽한 템포와 스타일의 음악을 만들어 낼 수 있다. 생성된 음악은 로열티 없이 소유가 가능해 자신만의 노래를 만들고 활용할 수 있다.

음악 제작에 대한 진입 장벽을 낮추고 사용자 간의 음악 교류와 협업에 도움을 준다. 또한 사용자의 음악 취향과 청취 습관에 대한 통찰력을 제공함으로써 마케팅에 도움이 되는 플랫폼이다. 이 정보를 활용해 회사는 타깃 마케팅 캠페인을 보다 효과적으로 설계할 수 있다. Musicfy는 사용자 데이터를 분석해 개인화된 광고를 제공하는데 이는 광고의 반응률과 전환율을 높이는 데 도움이 된다. Musicfy는 데이터 기반 마케팅 전략을 세우는 데 있어 매우 유용한 도구이다.

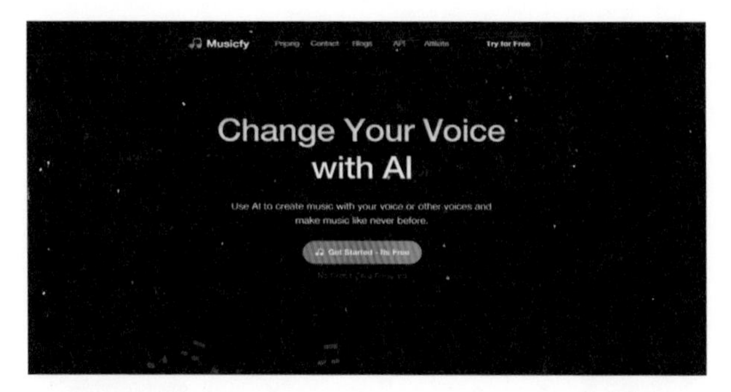

[그림8] Musicfy(https://musicfy.lol)

3) 영상 및 이미지 편집(Video and Image Editing)

(1) Clipcrop(https://clipdrop.co)

Clipcrop은 AI 기반의 비디오 편집 플랫폼으로 사용자가 고품질의 비디오 콘텐츠를 쉽고 빠르게 생성하도록 돕는다. 이 플랫폼은 자동화된 편집 도구를 제공해 시간과 비용을 절약하면서도 전문적인 결과물을 만들어 낼 수 있게 한다. Clipcrop을 사용함으로써 소셜 미디어, 광고 캠페인, 브랜드 홍보 비디오 등 다양한 채널에 맞춤형 비디오 콘텐츠를 효과적으로 배포할 수 있다.

[그림9] Clipcrop(https://clipdrop.co)

(2) RunwayML(https://runwayml.com)

RunwayML은 창의적인 마케팅 콘텐츠를 생성하고 편집하는 데 도움이 되며 다양한 시각적 효과와 스타일을 적용해 브랜드의 이미지를 향상시켜 준다. 사용자는 이미지, 비디오, 음악 등 다양한 콘텐츠를 생성하고 수정할 수 있어서 마케팅 캠페인에 적합한 콘텐츠를 신속하게 개발할 수 있다. 또한 사용자는 편리한 인터페이스와 다양한 기능을 통해 콘텐츠 제작 과정을 단순화하고 효율적으로 수행할 수 있으며 마케팅 캠페인의 성과를 분석해 최적화하는 데 도움이 된다. 브랜드의 시각적 표현을 강화하고 창의적인 마케팅 전략을 구현하는 데 필수적인 도구로써 많은 기업이 이용하고 있다.

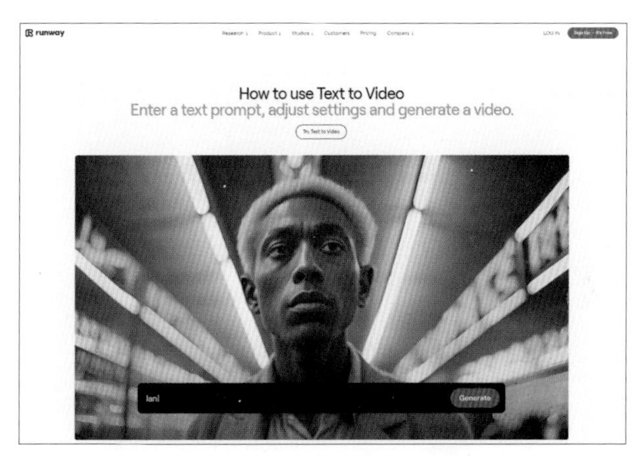

[그림10] RunwayML(https://runwayml.com)

(3) Pictory(https://pictory.ai)

Pictory는 텍스트 기반 콘텐츠를 비디오로 자동 변환해 시각적 매력을 증대시킨다. 짧은 시간 내에 고품질의 마케팅 비디오를 생성할 수 있으며 템플릿 및 사용자 정의 옵션을 통해 브랜드에 맞춤화된 비디오를 제작할 수 있다. 소셜 미디어에 최적화된 비디오 제작을 지원하고 자동 자막 추가 기능을 통해 접근성과 이해도를 향상시킨다. 대량의 비디오 콘텐츠를 빠르게 제작해 콘텐츠 마케팅을 강화하며 SEO 최적화 비디오 생성으로 온라인에서의 가시성을 높인다. 비용 효율적인 비디오 마케팅 솔루션을 제공하고 다양한 콘텐츠에 대한 시각적 요약을 통해 사용자의 이해를 돕는다. 또한 웹사이트, 블로그, 광고 등 다양한 플랫폼에서 유연하게 사용할 수 있는 기능을 제공한다.

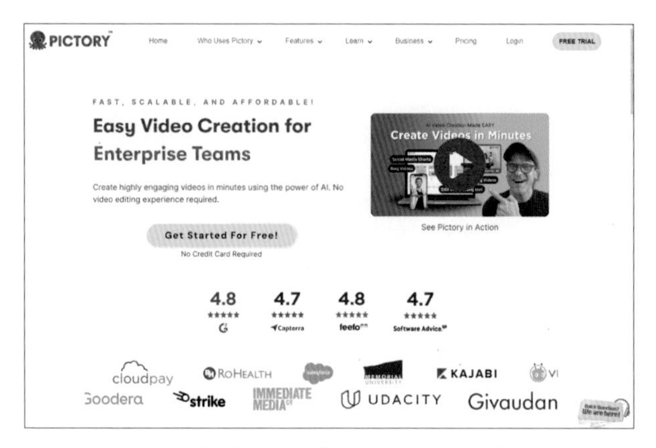

[그림11] Pictory(https://pictory.ai)

(4) MotionArray(https://motionarray.com)

Motionarray는 다양한 비주얼 콘텐츠 제작을 통해 다양한 마케팅 캠페인에 활용할 수 있다. 전문적인 비디오 편집 도구를 제공해 제작 과정을 효율화 할 수 있으며 고품질의 비디오 콘텐츠를 제공해 브랜드의 전문성을 높일 수 있다. 이미 제작된 템플릿을 활용해 시간과 비용을 절감할 수 있다. 다양한 주제와 스타일의 템플릿을 제공해 적합한 비디오를 제작할 수 있으며 마케팅 캠페인의 효과를 측정하고 분석할 수 있다. 소셜 미디어 채널에서의 활동을 지원하는 콘텐츠를 제작할 경우에도 효율적이다.

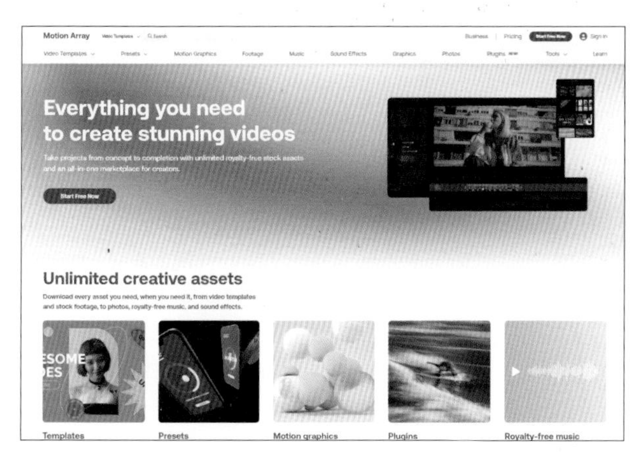

[그림12] MotionArray(https://motionarray.com)

(5) Leonardo(https://leonardo.ai)

Leonardo는 AI 기반 그래픽 디자인 도구로 사용자가 매력적이고 전문적인 비주얼 콘텐츠를 쉽게 생성할 수 있게 한다. 자동화된 디자인 기능을 제공해 사용자가 빠르게 고품질의 그래픽을 제작할 수 있도록 돕는다. Leonardo를 사용함으로써 광고 소셜 미디어 게시물, 프레젠테이션 자료 등 다양한 마케팅 자료를 효과적으로 제작할 수 있다.

높은 수준의 이미지 생성 기술을 통해 브랜드의 시각적 아이덴티티를 강화하고 동시에 다양한 비디오 콘텐츠를 생성해 브랜드 스토리텔링을 효과적으로 전달할 수 있다. 특히 Leonardo는 사용자에게 다양한 옵션을 제공해 브랜드의 유연한 관리를 가능하게 하며 이는 마케팅 전문가들에게 매우 유용한 도구로 평가받고 있다.

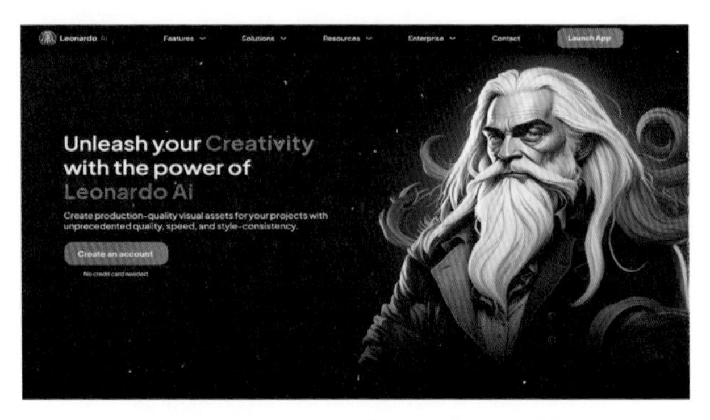

[그림13] Leonardo AI(https://leonardo.ai)

(6) Stable Diffusion(https://stability.ai)

Stable Diffusion은 OpenAI에서 개발한 머신러닝 중 하나로 텍스트 입력을 기반으로 고유한 이미지와 영상을 생성해 준다. 전통적인 사진 촬영이나 디자인 방식에 비해 저렴한 비용으로 고화질 이미지를 제작할 수 있으며 짧은 시간 안에 다양한 이미지를 생성해 마케팅 자료를 신속하게 배포할 수 있다. 사용자의 특정 요구에 맞춘 맞춤 이미지 생성으로 타깃 마케팅을 강화할 수 있고 다양한 예술적 스타일과 테마를 적용해 브랜드의 다양성을 표현할 수 있다.

독창적인 이미지를 소셜 미디어에 사용할 수 있으며 다양한 문화적 요소를 반영한 이미지를 생성해 글로벌 시장에 적합한 콘텐츠를 제작할 수 있다. 강력한 시각적 내용을 통해 브랜드 스토리를 효과적으로 전달하고 창의적인 이미지를 광고 웹사이트, 프로모션 자료에 활용해 브랜드 이미지를 강화할 수 있는 AI 도구이다.

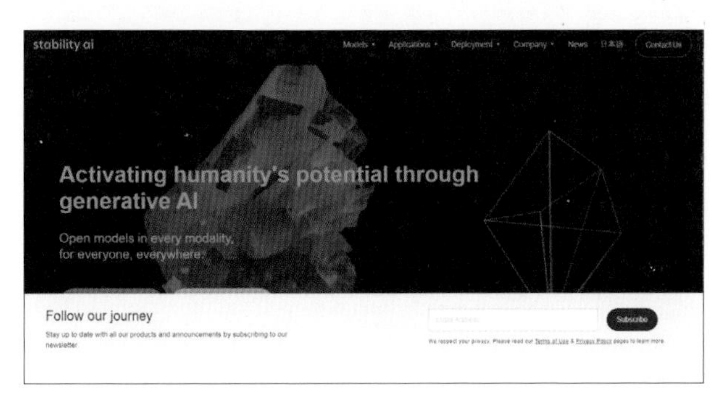

[그림14] Stable Diffusion(https://stability.ai)

(7) Midjourney(https://www.midjourney.com)

Midjourney는 뛰어난 이미지 생성 기능을 통해 마케팅 전략을 시각적으로 강조하고 브랜드의 메시지를 강력하게 전달하는 데 도움을 준다. 브랜드의 독창성과 유니크한 아이덴티티를 표현하기 위해 미술적 요소를 섬세하게 반영할 수 있으며 다양한 템플릿과 스타일을 제공해 다양한 마케팅 캠페인에 적용할 수 있다.

이미지 생성 프로세스를 자동화해 비용과 시간을 절약하면서도 품질을 유지한다. 또한 소셜 미디어 플랫폼에 적합한 이미지를 생성해 소셜 미디어 활동을 활성화하고 브랜드의 온라인 가시성을 높인다. 통합 메신저 Discord 플랫폼과도 연결돼 있어 원활한 커뮤니케이션을 할 수 있다. 창의적인 이미지를 활용해 광고와 프로모션 자료를 제작해 브랜드의 가시성을 향상시킬 수 있으며 이미지와 관련된 데이터 분석을 통해 마케팅 캠페인의 성과를 정량화하고 최적화해 효율성을 높일 수 있는 AI 플랫폼이다.

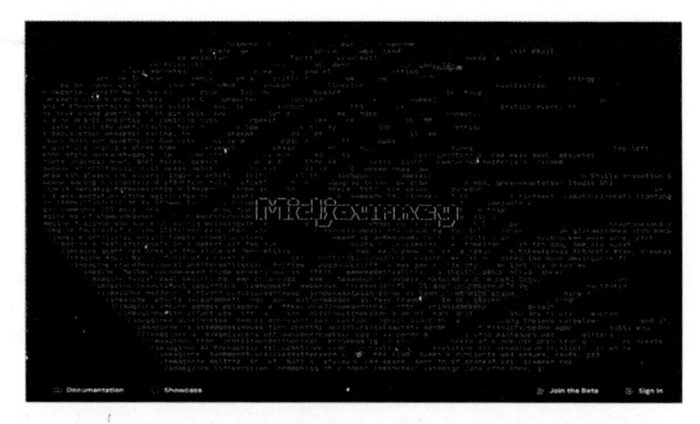

[그림15] Midjourney(https://www.midjourney.com)

(8) Misgif(https://misgif.app)

Misgif는 사용자 생성 콘텐츠 플랫폼을 통해 마케팅에 도움을 준다. Misgif은 사용자가 직접 창의적인 GIF를 생성하고 공유할 수 있게 함으로써 브랜드의 가시성을 높이고 고객 참여를 촉진한다. 또한 Misgif를 이용한 캠페인은 소셜 미디어에서 빠르게 퍼져 나가며 특히 젊은 세대 사이에서 높은 공유율을 보이므로 브랜드 인지도를 효과적으로 증가시키는 수단이 될 수 있다.

[그림16] Misgif (https://misgif.app)

(9) Indeogram(https://ideogram.ai)

Indeogram은 AI 기술을 이용해 단순한 텍스트 입력을 매혹적인 시각적 아트웍과 동영상으로 전환하는 강력한 도구이다. Indeogram은 사용자의 창의력을 자극하고 마케팅 메시지를 더욱 돋보이게 할 수 있는 방대한 스타일 옵션을 제공한다. 브랜드는 이를 통해 특색 있는 콘텐츠를 쉽게 생성할 수 있으며 이러한 콘텐츠는 소셜 미디어에서 빠르게 퍼져나가는 매개체 역할을 할 수 있다. 또한 Indeogram은 각 브랜드에 맞는 맞춤형 비주얼 콘텐츠를 제작할 수 있어, 기업이 시각적으로 일관된 메시지를 전달할 수 있도록 돕는다. 퀄리티 있는 이미지로 마케팅의 효과를 극대화하는 데 도움을 주는 AI 도구이다.

[그림17] Indeogram(https://ideogram.ai)

(10) Lasco(https://www.lasco.ai)

Lasco는 한국인들이 선호하는 그림들을 학습시킨 AI 이미지 생성 도구로, 네이버 스노우의 자회사인 슈퍼랩스에서 출시됐다. Lasco는 해외 AI 서비스와는 다르게 한국 문화와 취향을 반영한 이미지를 생성하는 데 큰 장점을 갖고 있다. 이는 한국 시장에서의 마케팅 활동에 매우 유용하다.

한국인들에게 친숙하고 익숙한 이미지를 활용해 브랜드의 메시지를 전달할 때 훨씬 더 효과적으로 소통할 수 있으며 그 결과로 고객들의 관심을 끌고 참여율을 높일 수 있다. Lasco는 한국 시장에서의 마케팅 전략을 성공적으로 구축하고 브랜드의 가시성을 향상시키는 데 도움이 되는 강력한 AI 도구이다.

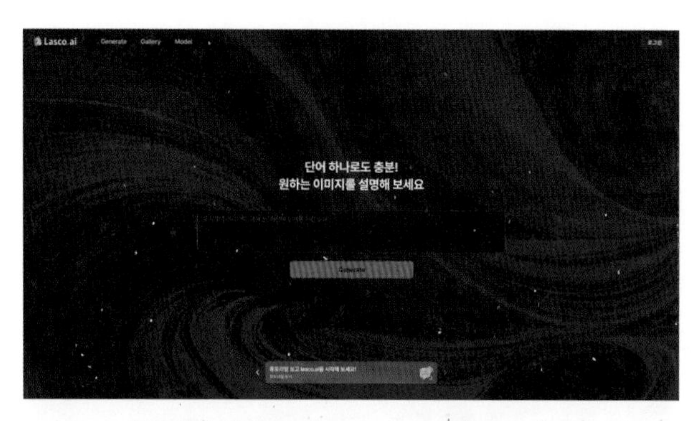

[그림18] Lasco(https://www.lasco.ai)

4) 데이터 분석 및 고객 인사이트(Data analytics and customer insights)

(1) Musicfy(https://musicfy.lol)

Musicfy는 사용자의 음악 취향과 청취 습관에 대한 통찰력을 제공함으로써 마케팅에 도움이 되는 플랫폼이다. 이 정보를 활용해 회사는 음악을 사용해 타깃 마케팅 캠페인을 보다 효과적으로 설계할 수 있다. 또한 Musicfy는 사용자 데이터를 분석해 개인화된 광고를 제공하는데, 이는 광고의 반응률과 전환율을 높이는 데 도움을 준다. 따라서 Musicfy는 데이터 기반 마케팅 전략을 세우는 데 있어 매우 유용한 도구이다.

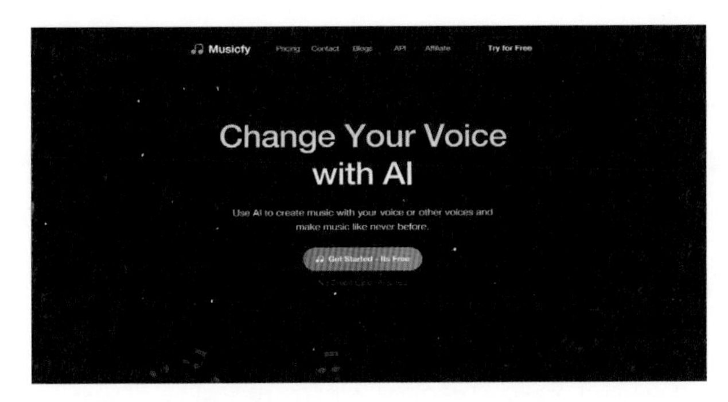

[그림19] Musicfy(https://musicfy.lol)

(2) Roomai(https://roomai.com)

Roomai는 고급 AI 기술을 활용해 맞춤형 인테리어 디자인 제안을 생성함으로써 마케팅 전략에 혁신적인 도구를 제공한다. 인테리어와 관련한 마케팅에 최적화돼 있으며 다양한 객실 유형과 스타일 옵션을 통해 소비자의 개별 취향에 맞춘 디자인을 제시해 고객의 만족도를 높일 수 있다. 유명 디자이너의 색상 구성표를 사용해 전문성을 더한다. 사용자는 손쉽게 자신의 생활 공간을 시각화하고 개인화된 디자인 옵션을 탐색할 수 있어, 고객이 구매 결정을 촉진하는 데 도움을 주는 유용한 AI 플랫폼이다.

[그림20] Roomai(https://roomai.com)

(3) Heygen(https://www.heygen.com)

Heygen은 여러 가지 언어를 사용할 수 있어서 영어, 일본어, 중국어 등 세계의 다양한 언어로 말하는 동영상을 입 모양까지 똑같이 맞춰 동영상 비디오를 생성해 준다. 선택한 음성으로 변환해 사용할 수 있는 기능도 제공하며 마케팅에서 사용자의 목소리를 효과적으로 활용해 광고 영상 콘텐츠, 음성 메시지 등을 개인화하고 맞춤형으로 제작할 수 있게 해준다. 또한 사용자가 선택한 다른 사람의 목소리로 변형하는 기능은 브랜드와의 상호 작용을 더욱 창의적으로 만들어 주며 사용자들에게 새로운 경험을 제공한다. 크리에이터나 온라인 사업가들은 Heygen을 사용해 국내외에서 자신을 알리는 데 유용하게 사용할 수 있다.

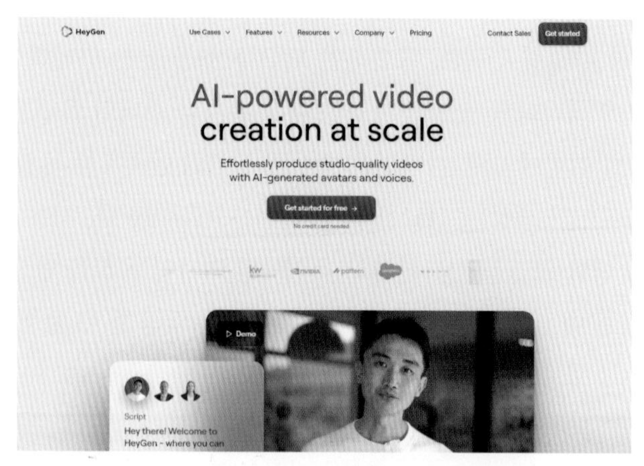

[그림21] Heygen(https://www.heygen.com)

(4) PandasAI(https://pandas-ai.com)

PandasAI는 데이터 분석을 간소화하고 효율화하는 도구로서 마케팅에 매우 유용하다. 이 도구를 통해 데이터의 패턴과 인사이트를 쉽게 발견하고 시각화할 수 있으며 이는 타깃팅과 캠페인 전략을 보다 정밀하게 조정하는 데 도움을 준다. 또한 Python과 Pandas의 강력한 연합 기능을 활용해 복잡한 데이터 분석 작업을 더욱 간편하게 수행할 수 있으며 데이터 기반의 결정을 신속하게 내리고 마케팅 ROI를 극대화하는 데 유용하게 이용할 수 있는 AI 플랫폼이다.

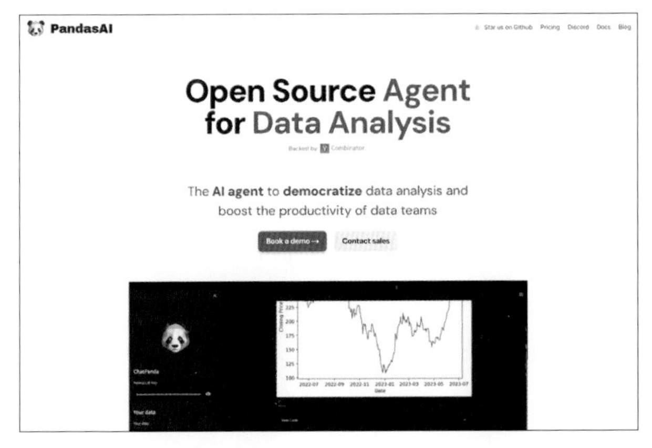

[그림22] PandasAI(https://pandas-ai.com)

Epilogue

AI 기술이 마케팅 분야에서 풍부한 변화를 가져오고 있다. 마케터들은 이제 고객과의 상호 작용을 더 깊이 이해하고 보다 맞춤화된 전략을 세울 수 있게 됐다. AI는 마케팅 전략을 신속하게 조정하고 실행하는 데 중요한 역할을 하며 이는 마케팅 활동을 통한 브랜드 가치 향상에 큰 도움이 된다. 우리는 AI 기술을 활용해 고객 경험을 개선하고 비용을 절감하며 시장에서의 경쟁력을 강화할 수 있다. 이 모든 것이 AI 도구와 기술을 적극적으로 이해하고 활용함으로써 가능해진다.

이제, AI 기술을 우리의 일상 업무에 적용하는 것은 단순한 선택이 아니라 필수가 됐다. AI 도구를 이용해 콘텐츠를 만들고 실시간으로 소비자 반응을 파악하며 타깃 마케팅 전략을 세밀하게 조율할 수 있다. 그리해 브랜드와 소비자 사이의 관계가 더욱 밀접해지고 브랜드 충성도가 높아진다. AI의 발전은 계속될 것이며 이에 발맞춰 마케팅 전략도 지속적으로 발전시켜야 한다. AI 시대의 마케팅 전문가로서 우리는 이러한 도구를 통해 더욱 효과적이고 창의적인 마케팅 솔루션을 개발해 시장에서의 성공을 도모할 준비를 해야 한다.